Youssef CHOUAIBI

Mecânica geral: Dinâmica dos sólidos

AF524504

Youssef CHOUAIBI

Mecânica geral: Dinâmica dos sólidos

Notas de curso e exercícios corrigidos para estudantes do primeiro ano de engenharia mecânica

ScienciaScripts

Imprint

Any brand names and product names mentioned in this book are subject to trademark, brand or patent protection and are trademarks or registered trademarks of their respective holders. The use of brand names, product names, common names, trade names, product descriptions etc. even without a particular marking in this work is in no way to be construed to mean that such names may be regarded as unrestricted in respect of trademark and brand protection legislation and could thus be used by anyone.

Cover image: www.ingimage.com

This book is a translation from the original published under ISBN 978-620-6-71169-8.

Publisher:
Sciencia Scripts
is a trademark of
Dodo Books Indian Ocean Ltd. and OmniScriptum S.R.L publishing group

120 High Road, East Finchley, London, N2 9ED, United Kingdom
Str. Armeneasca 28/1, office 1, Chisinau MD-2012, Republic of Moldova, Europe
Printed at: see last page
ISBN: 978-620-8-27931-8

Copyright © Youssef CHOUAIBI
Copyright © 2024 Dodo Books Indian Ocean Ltd. and OmniScriptum S.R.L publishing group

Mesa de materiais

CAPÍTULO 1: Geometria das massas

1. Centro de massa ou centro de inércia

1.1. Definição

O centro de massa ou o centro de inércia de um sistema (Σ) é o ponto G para relação com a massa, é uniformemente distribuído. É o baricentro dos pontos M ∈(Σ) afetado por sua massa dm. A posição do centro de massa G é determinada utilizando a seguinte relação:

$$\int \overrightarrow{\mathbf{GM}}.\mathbf{dm} = \vec{\mathbf{0}} \qquad (0.1)$$

Em um

$$\overrightarrow{\mathbf{GM}} = \overrightarrow{\mathbf{OM}} - \overrightarrow{\mathbf{OG}} \qquad (0.2)$$

Neste caso:

$$\int \overrightarrow{OG}.dm = \int \overrightarrow{OM}.dm \qquad (0.3)$$

A posição do ponto G é independente dos parâmetros de massa de ouro:

$$\overrightarrow{\mathbf{OG}}.\int \mathbf{dm} = \int \overrightarrow{\mathbf{OM}}.\mathbf{dm} \qquad (0.4)$$

Se $\int$ dm = Mcom M está a massa do sistema (Σ) na posição do centro de massa G é dado por :

$$\mathbf{M}.\overrightarrow{\mathbf{OG}} = \int \overrightarrow{\mathbf{OM}}.\mathbf{dm} \qquad (0.5)$$

Para um sistema discreto, a posição do centro de massa é calculada da seguinte forma:

$$\mathbf{m}.\overrightarrow{\mathbf{OG}} = \sum_{i=1}^{n} \overrightarrow{\mathbf{OG_i}}.\mathbf{m_i} \qquad (0.6)$$

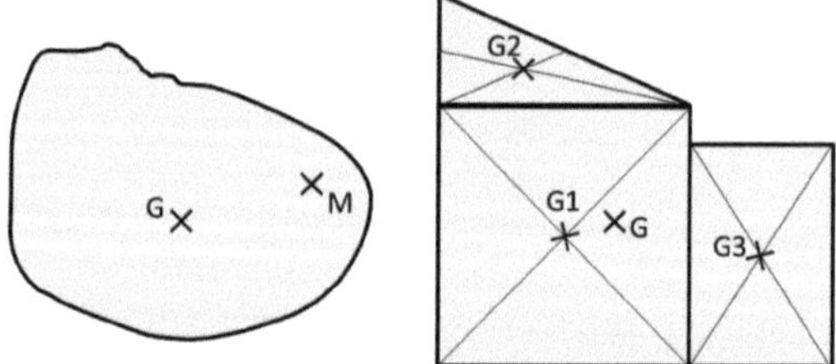

a) centro de massa para sistema contínuo b) centro de massa para sistema discreto

Figura 0. 1: centro de massa para um sistema (Σ)

1.1.1. Linha material

Une ligne materielle é um sistema de material com uma forma muito lançada (filho, cabo,...).

Nesse caso, o elemento de massa «dm» pode ser modelado por:

$$\mathbf{dm} = \boldsymbol{\lambda}.\mathbf{dL} \qquad (0.7)$$

Com λ: massa linear (kg/m). Despeje um sólido homogêneo λ=cts.

A massa do sistema é « $M = \lambda.L$» com L : comprimento total. Usando a definição (equação 1.5) em pode ser escrito:

$$\boldsymbol{\lambda.L.\overrightarrow{OG} = \int \overrightarrow{OM}.\lambda.dL \rightarrow L.\overrightarrow{OG} = \int \overrightarrow{OM}.dL} \quad (0.8)$$

1.1.2. Material de superfície

Se o sistema material (Σ) for um plano de superfície, o elemento de massa « dm » será a seguinte forma:

$$\boldsymbol{dm = \sigma.ds} \quad (0.9)$$

Com σ: masse surfacique(kg/ m^2)

En coordonnées cartésiennes:$ds = dx.dy$

Em coordenadas polares:$ds = r.dr.d\theta$

Para um sólido homogêneo « σ=cts», a massa do sistema é « $M = \sigma.S$» com 'S' é a superfície total. Uma referência à definição (equação 1.5) pode ser escrita:

$$\boldsymbol{\sigma.S.\overrightarrow{OG} = \int \overrightarrow{OM}.\sigma.ds \rightarrow S.\overrightarrow{OG} = \int \overrightarrow{OM}.ds} \quad (0.10)$$

1.1.3. Material de volume

Para os casos em que o sistema material (Σ) é um volume fornecido :

$$\boldsymbol{dm = \rho.dv} \quad (0.11)$$

ρ: masse volumique(kg/ ^{m3})

En coordonnées cartésiennes:$dv = dx.dy.dz$

Em coordenadas cilíndricas:$dv = rdr.d\theta.dz$

Em coordenadas esféricas:$dv = r^2.dr.\sin\theta.d\theta.d\varphi$

Despeje um sólido homogêneo « ρ = cts » com a massa « $m = \rho.V$» com V é o volume total. Usando a definição (equação 1.5) em pode ser escrito:

$$\boldsymbol{\rho.V.\overrightarrow{OG} = \int \overrightarrow{OM}.\rho.dv \rightarrow V.\overrightarrow{OG} = \int \overrightarrow{OM}.dV} \quad (0.12)$$

1.2. Propriedade do centro de massa

1.2.1. Symétrie material

A simetria material é uma simetria geométrica com uma simetria de distribuições de massa. Se um sistema possui um ponto, um eixo ou um plano de simetria, seu centro de gravidade está situado neste ponto, neste eixo ou neste plano de simetria.

1.2.2. Cálculo por funcionamento

Então, um sistema (Σ) de massa M possui mais subconjuntos antes de encontrar uma massa m_i e um centro de massa Gi, então :

$$\boldsymbol{M.\overrightarrow{OG} = \sum_{i=1}^{n} \overrightarrow{OG_i}.m_i} \quad (0.13)$$

$M.x_G = \sum_{i=1}^{n} x_{Gi}.m_i$;

$M.y_G = \sum_{i=1}^{n} y_{Gi}.m_i$;

$M.z_G = \sum_{i=1}^{n} z_{Gi}.m_i$;

1.3. Teorema de GULDI

O Teorema de GULDIN propõe uma abordagem alternativa para determinar a posição do centro de inércia em certos casos específicos, sem precisar efetuar cálculos integrais.

1.3.1. 1 é o teorema

A superfície lateral produzida pela rotação de um plano curvo (L) autour de um machado Δ que se situa no mesmo plano que (L) e não na cruz, é égale ao produto da circunferência gerada pelo centro d 'inércia G da courbe (L) e do comprimento L da courbe (L).

Exemplo: A rotação do elemento 'dl' autour do eixo Oy , sem interceptador, gera uma superfície 'ds' dizendo que : $ds = 2.\pi.x_p.dl$. A superfície total gerada será:

$$\mathbf{S = 2.\pi \int x_p . dl = 2.\pi.L.x_G} \quad (0.14)$$

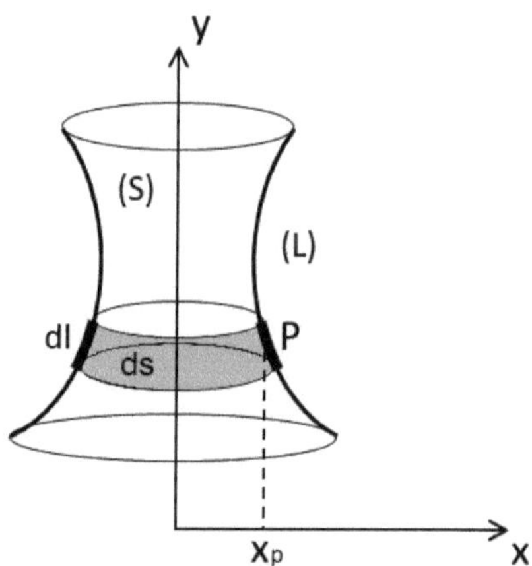

Figura 0. 2: centro de massa de uma linha material

1.3.2. 2 é o teorema

O volume aumenta pela rotação do plano de superfície S autour d'un ax Δ que se situa no mesmo plano que (S) e não a cruz é alta no produto da circunferência gerada pelo ponto G que é o centro d 'inércia da superfície (S) e ar S da superfície (S).

Exemplo: a rotação do elemento do plano de superfície 'ds' autour do eixo Oy, sem interceptador, gera um volume 'dv' que:$dv = 2.\pi.x_p.ds$

O volume total gerado será:

$$V = 2.\pi.\int x_p.ds = 2.\pi.S.x_G \qquad (0.15)$$

Figura 0. 3: centro de massa de uma superfície

1.4. Aplicações

<u>**Exemplo 1:**</u>

Considere o quarto de círculo de rayon R de massa linear λe longo L.

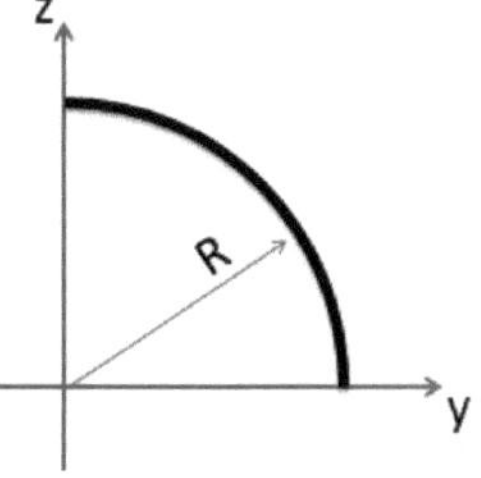

1- Use a definição de uma linha de material para encontrar o centro de inércia G de coordenação (yG , zG)

2- Use o 1 [é] o teorema de GULDIN e determine as coordenadas (yG , zG) do centro de inércia G.

Correção:

1- A definição do centro de massa da linha material feminina:

$\lambda.L.\overrightarrow{OG} = \int \overrightarrow{OM}.\lambda.dL \rightarrow L.\overrightarrow{OG} = \int \overrightarrow{OM}.dL$

$$L = \int_0^L dL = \int_0^{\frac{\pi}{2}} R.d\theta = R.\frac{\pi}{2}$$

$L.y_G = \int_0^{\frac{\pi}{2}} R.\cos(\theta).R.d\theta \rightarrow R.\frac{\pi}{2}.y_G = R^2.[\sin(\theta)]_0^{\frac{\pi}{2}} = R^2$

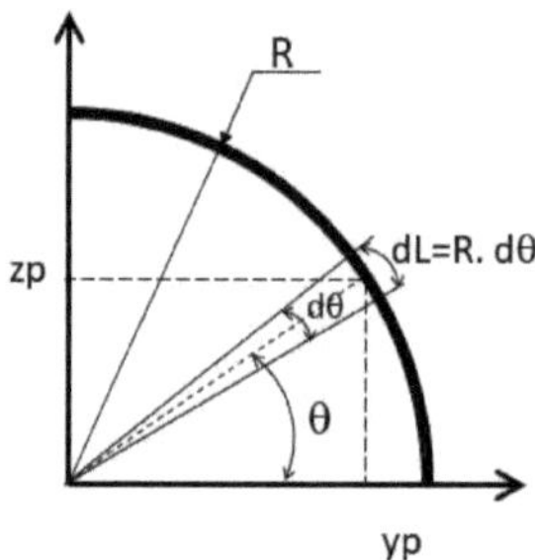

$y_G = \frac{2.R}{\pi}; Z_G = \frac{2.R}{\pi}$

2- Use o 1 é o teorema do GULDIN

$$S = 2.\pi \int y_p \,.\, dl = 2.\pi.L.y_G$$

$$S = 2.\pi \int y_p \,.\, dl = 2.\pi \int_0^{\frac{\pi}{2}} R.\cos(\theta).R.d\theta = 2.\pi.R^2$$

$$S = 2.\pi.R^2 = 2.\pi.L.y_G = \pi^2.R.y_G \rightarrow y_G = \frac{2.R}{\pi}$$

Exemplo 2:

Considere o quarto de disco de rayon R de superfície de massa σe a superfície S.

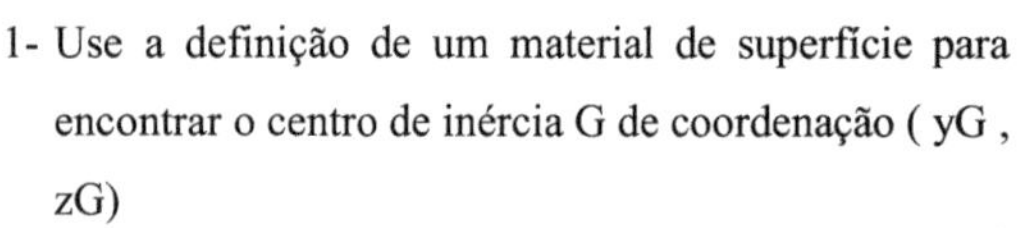

1- Use a definição de um material de superfície para encontrar o centro de inércia G de coordenação (yG , zG)

2- Utilize o 2º teorema do GULDIN e determine as coordenadas (yG , zG) do centro de inércia G.

Correção

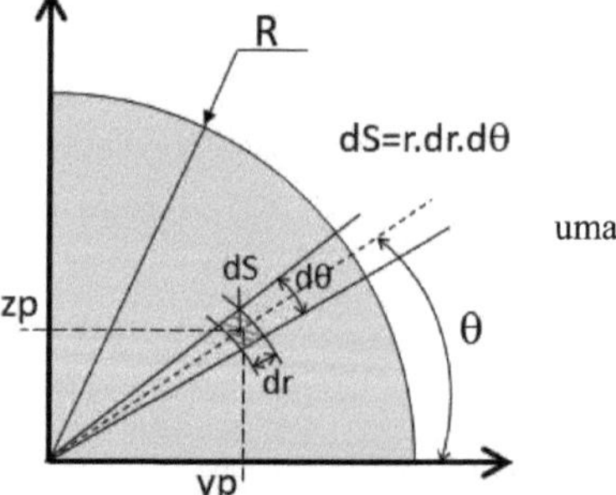

1- Usando a definição do centro de massa de uma superfície material:

$$S.\overrightarrow{OG} = \int \overrightarrow{OM}.ds$$

$$S = \int ds = \int_0^{\frac{\pi}{2}} \int_0^R r.dr.d\theta = \pi \frac{R^2}{4}$$

$$S.y_G = \int_0^{\frac{\pi}{2}} \int_0^R r^2.\cos(\theta).dr.d\theta \rightarrow \pi \frac{R^2}{4}.y_G = \frac{R^3}{3}$$

$$y_G = \frac{4.R}{3.\pi}; Z_G = \frac{4.R}{3.\pi}$$

2- Utilize o 2º teorema do GULDIN

$$V = 2.\pi.\int y_p.ds = 2.\pi.S.y_G$$

$$V = 2.\pi \int y_p \,.\, dS = 2.\pi \int_0^{\frac{\pi}{2}} \int_0^R r^2.\cos(\theta).dr.d\theta = 2.\pi.\frac{R^3}{3}$$

$$2.\pi.\frac{R^3}{3} = 2.\pi.S.y_G = 2.\pi.\frac{\pi.R^2}{4}.y_G \rightarrow y_G = \frac{4.R}{3.\pi}; Z_G = \frac{4.R}{3.\pi}$$

2. Momento de inércia

2.1. Definição

O momento de inércia é um grande físico que caracteriza a distribuição de massa no interior de um sólido (Σ). Ele representa a resistência de um sólido (Σ) à sua rotação. A rotação do sistema (Σ) é difícil se o momento desviar de mais para mais grande.

O momento de inércia do sistema (Σ) relacionado a um elemento de referência « **r** » é a escala definida por:

$$I_O(\Sigma) = \int \overrightarrow{OM}^2 dm \quad (0.16)$$

$$I_\Delta(\Sigma) = \int \overrightarrow{\Delta M}^2 dm \quad (0.17)$$

$$I_\pi(\Sigma) = \int \overrightarrow{\pi M}^2 dm \quad (0.18)$$

Com o elemento de referência « **r** » pode ser um ponto (O), um direito (Δ), ou um plano (π).

OM, ΔM et πM as distâncias mínimas do ponto M ao ponto O, à direita Δe ao plano π.

2.2. Expressão de momentos de inércia por rapport au repère$\mathbf{R(O, \vec{x}, \vec{y}, \vec{z})}$

- Em relação aos planos de R:

$$I_{Oxy}(\Sigma) = \int_{M \in \Sigma} z^2 dm \quad (0.19)$$

$$I_{Oyz}(\Sigma) = \int_{M \in \Sigma} x^2 dm \quad (0.20)$$

$$I_{Oxz}(\Sigma) = \int_{M \in \Sigma} y^2 dm \quad (0.21)$$

- Por relação aos eixos de R:

$$I_{Ox}(\Sigma) = A = \int_{M \in \Sigma} (y^2 + z^2) dm \quad (0.22)$$

$$I_{Oy}(\Sigma) = B = \int_{M \in \Sigma} (x^2 + z^2) dm \quad (0.23)$$

$$I_{Oz}(\Sigma) = C = \int_{M \in \Sigma} (x^2 + y^2) dm \quad (0.24)$$

- Por relação ao centro de R:

$$I_O(\Sigma) = \int_{M \in \Sigma} (x^2 + y^2 + z^2) dm \quad (0.25)$$

- Produto de inércia:

$$J_{xOy}(\Sigma) = \int_{M \in \Sigma} x.y\, dm \quad (0.26)$$

$$J_{xOz}(\Sigma) = \int_{M \in \Sigma} x.z\, dm \quad (0.27)$$

$$J_{yOz}(\Sigma) = \int_{M \in \Sigma} y.z\, dm \quad (0.28)$$

2.3. Relação entre os diferentes momentos de inércia

1 relação:

$$I(O,\vec{x}) = I(O,\vec{x},\vec{y}) + I(O,\vec{x},\vec{z}) \quad (0.29)$$

$$I(O,\vec{y}) = I(O,\vec{x},\vec{y}) + I(O,\vec{y},\vec{z}) \quad (0.30)$$

$$I(O,\vec{z}) = I(O,\vec{x},\vec{z}) + I(O,\vec{y},\vec{z}) \quad (0.31)$$

2 relação:

$$I_O = I(O,\vec{x},\vec{y}) + I(O,\vec{x},\vec{z}) + I(O,\vec{y},\vec{z}) \quad (0.32)$$

$$I_O = \frac{1}{2}[I(O,\vec{x}) + I(O,\vec{y}) + I(O,\vec{z})] \quad (0.33)$$

3 relação:

$$I(O,\vec{x}) + I(O,\vec{y}) = I(O,\vec{z}) + 2.I(O,\vec{x},\vec{y}) \quad (0.34)$$

$$I(O,\vec{y}) + I(O,\vec{z}) = I(O,\vec{x}) + 2.I(O,\vec{y},\vec{z}) \quad (0.35)$$

$$I(O,\vec{x}) + I(O,\vec{z}) = I(O,\vec{y}) + 2.I(O,\vec{x},\vec{z}) \quad (0.36)$$

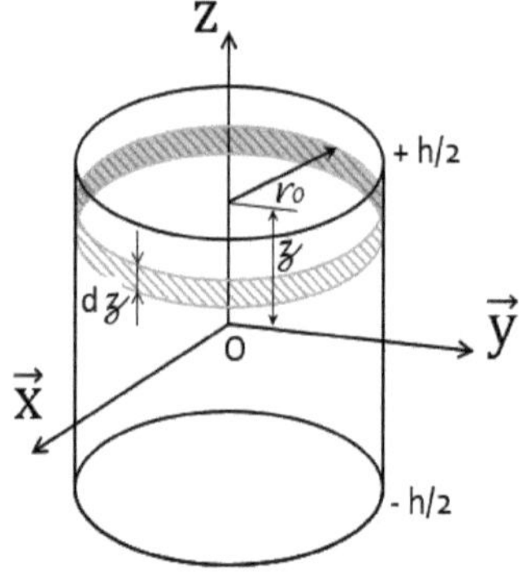

2.4. Aplicações

Considere um cilindro completamente homogêneo, com um rayon r $_0$ e uma altivez h. A origem do repère está centrada em G, o centro de massa do cilindro, e o eixo Oz coincide com o eixo do cilindro.

1- Calcule o momento do cilindro por relacionamento com o plano Oxy.

2- Em seguida, calcule o momento de inércia deste cilindro por relação ao eixo Oz.

Solução:

1-

La masse volumique ρ est constante, donc on peut écrire :

$dm = \rho dV = \rho(\pi r_0^2)dz$($m = \rho\pi r_0^2 h$, m representa a massa total do cilindro)

$$I_{Oxy}(\Sigma) = \int_{-h/2}^{+h/2} z^2 dm = \int_{-h/2}^{+h/2} z^2 \rho(\pi r_0{}^2) dz$$

$$I_{Oxy}(\Sigma) = \rho.\pi.r_0{}^2 \int_{-h/2}^{+h/2} z^2 dz = \rho.\pi.r_0{}^2.\frac{1}{3}\left(\frac{h^3}{8} + \frac{h^3}{8}\right)$$

$$I_{Oxy}(\Sigma) = \rho.\pi.r_0{}^2.\frac{h^3}{12} = m.\frac{h^2}{12}$$

2-

Aplica-se a definição:

$$I_{Oz}(\Sigma) = \int_{M\in\Sigma} (x^2 + y^2) dm$$

$$= \int_{M\in\Sigma} r^2 dm$$

$$dm = \rho dV = \rho r dr d\theta dz = 2\pi h \rho r dr$$

D'où

$$I_{Oz}(\Sigma) = \int_0^{r_0} r^2 . 2\pi h \rho r . dr$$

$$= 2\pi h \rho \int_0^{r_0} r^3 dr$$

$$I_{Oz}(\Sigma) = 2\pi h \rho \frac{r_0{}^4}{4} = m \frac{r_0{}^2}{2}$$

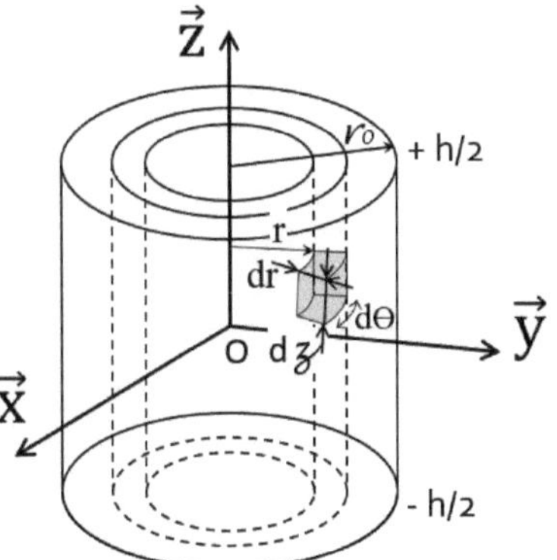

3. Operadores ou matriz de inércia

3.1. Definição

Na chamada matriz de inércia de (S) no aplicativo linear, observe o $J_O(S)$seguinte:$J_O(S)$: $\mathbb{R}^3 \rightarrow \mathbb{R}^3$

$$\vec{u} \longmapsto J_O(S)(\vec{u}) = \int \overrightarrow{OM} \wedge (\vec{u} \wedge \overrightarrow{OM}).dm \qquad (0.37)$$

3.2. Matriz de inércia

Quando associado a $J_O(S)$uma matriz chamada matriz de inércia de (S) relativa ao ponto O é notado$[I_O(s)]$ tel que essas colunas são imagens de $(\vec{x}, \vec{y}, \vec{z})$ par $J_O(S)$.

$$[I_O(s)] = [J_O(S)(\vec{x});\ J_O(S)(\vec{y});\ J_O(S)(\vec{z})] \qquad (0.38)$$

$$[I_0(S)] = \begin{bmatrix} A & -F & -E \\ -F & B & -D \\ -E & -D & C \end{bmatrix} \quad (0.39)$$

Os elementos da primeira coluna da matriz de inércia representam os componentes do veículo

$$J_0(S)(\vec{x}) = \int \overrightarrow{OM} \wedge (\vec{x} \wedge \overrightarrow{OM}).dm \quad (0.40)$$

Posons

$$\overrightarrow{OM} = x.\vec{x} + y.\vec{y} + z.\vec{z} \quad (0.41)$$

Então

$$\vec{x} \wedge \overrightarrow{OM} = \begin{pmatrix} 1 \\ 0 \\ 0 \end{pmatrix} \wedge \begin{pmatrix} x \\ y \\ z \end{pmatrix} = \begin{pmatrix} 0 \\ -z \\ y \end{pmatrix} \quad (0.42)$$

$$\overrightarrow{OM} \wedge (\vec{x} \wedge \overrightarrow{OM}) = \begin{pmatrix} x \\ y \\ z \end{pmatrix} \wedge \begin{pmatrix} 0 \\ -z \\ y \end{pmatrix} = \begin{pmatrix} y^2 + z^2 \\ -x.y \\ -x.z \end{pmatrix} \quad (0.43)$$

$$A = \int (y^2 + z^2).dm \quad (0.44)$$

$$F = \int (x.y).dm \quad (0.45)$$

$$E = \int (x.z).dm \quad (0.46)$$

Após um cálculo idêntico, você pode determinar duas outras colunas. Em busca:

$$B = \int (x^2 + z^2).dm \quad (0.47)$$

$$C = \int (x^2 + y^2).dm \quad (0.48)$$

$$D = \int (y.z).dm \quad (0.49)$$

3.3. Influência da simetria na matriz de inércia

Para obter a matriz mais simples, basta escolher a base e o ponto em que exprime a matriz de inércia, tendo em conta as simetrias materiais.

+Simetria material

+Simetria geométrica

+Simétria de distribuição da matéria

3.3.1. Symétrie materielle par rapport a un plan

(S) possui um plano de simetria ($o, \vec{y}, \vec{z}$) P(x,y,z) associado a um ponto P'(-x,y,z) simétrico por relação a ($o, \vec{y}, \vec{z}$). Então (S+) a parte de (S) tel que x>=0 Et (S-) a parte de (S) tel que x<=0 então

$$S = S^+ \cup S^- \quad (0.50)$$

$$E = \iiint_{(S)} xz\,.\,dm = \iiint_{(S+)} xz\,.\,dm + \iiint_{(S-)} xz\,.\,dm \quad (0.51)$$

Em considerar a simetria

$$\iiint_{(S+)} xz\,.\,dm = -\iiint_{(S-)} xz\,.\,dm \quad (0.52)$$

$$E=0 \quad (0.53)$$

$$F = \iiint xy \, . \, dm = 0 \quad (0.54)$$

Então

$$[I_0(S)] = \begin{bmatrix} A & 0 & 0 \\ 0 & B & -D \\ 0 & -D & C \end{bmatrix} \quad (0.55)$$

A: momento de inércia principal do eixo ($o, \vec{x}$) é um eixo de inércia principal

Observação: si (S) est une plate dans ($o, \vec{y}, \vec{z}$), então A = B + C

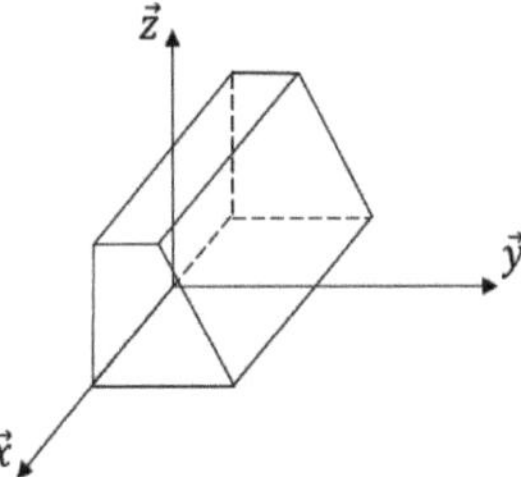

Figura 0. 4: Symétrie material par rapport a un plan

3.3.2. Symétrie materielle por relacionamento com um machado de revolução

(S) possui dois planos de simetria ($o, \vec{y}, \vec{z}$) e ($o, \vec{x}, \vec{z}$) . Todos os produtos de inércia são nulos.

Os eixos ($o, \vec{x}$) e ($o, \vec{y}$) são equivalentes$A = B$

$$A = \iiint (y^2 + z^2) \, . \, dm = \iiint (x^2 + z^2) \, . \, dm = B \quad (0.56)$$

$$[I_0(S)] = \begin{bmatrix} A & 0 & 0 \\ 0 & A & 0 \\ 0 & 0 & C \end{bmatrix} \quad (0.57)$$

Figura 0. 5: Symétrie material par rapport a un ax de révolution

3.3.3. Symétrie materielle par rapport a un point :

Todos os planos e todos os eixos da representação são os planos e os eixos da simetria.

$$[I_0(S)] = \begin{bmatrix} A & 0 & 0 \\ 0 & A & 0 \\ 0 & 0 & A \end{bmatrix} \quad (0.58)$$

Figura 0. 6: Symétrie material par rapport a un point

Remarque :

- Lorsqu'un solide a un plan de symétrie matérielle, l'axe d'inertie principal est un axe perpendiculaire à ce plan.
- La matrice d'inertie est principale si un solide possède deux plans de symétrie matérielle orthogonaux.
- Lorsqu'un solide possède deux axes de symétrie perpendiculaires, alors la matrice d'inertie est principale
- Tout axe de symétrie est un axe principal d'inertie

3.3.4. Aplicações

<u>Exemplo 1:</u>

Considere o quarto de disco de rayon R de superfície de massa σe a superfície S.

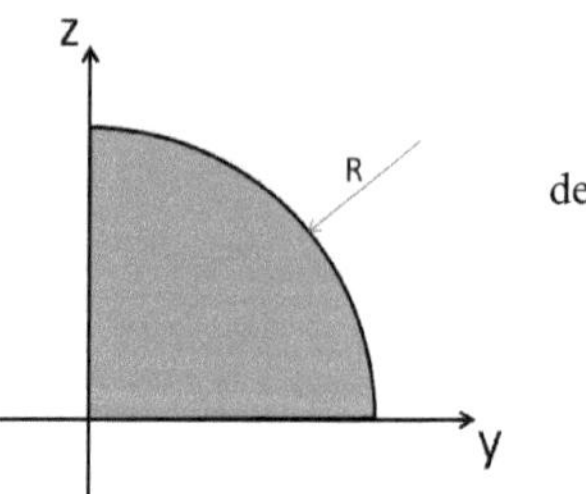

1- Encontre a matriz de inércia$[I_0(S)]$

<u>Correção</u>

$(O,\overrightarrow{Z})$é o principal eixo de inércia é o principal para os produtos de inércia D=E=0

Os eixos ***Ox*** e ***Oy*** são equivalentes: A=B

$$[I_0(S)] = \begin{bmatrix} A & -F & 0 \\ -F & B & 0 \\ 0 & 0 & C \end{bmatrix}$$

$$A = \int (x^2 + z^2).\,dm(1)$$

$$B = \int (y^2 + z^2).\,dm(2)$$

$$C = \int (x^2 + y^2).\,dm(3)$$

O disco é descomplicado (z=0) devido a:

$$A = \int (x^2).dm(4)$$

$$B = \int (y^2).dm(5)$$

$$C = \int (x^2 + y^2).dm(6)$$

O momento de inércia seguinte ao eixo oz é a soma dos dois momentos de inércia:

$$A = B = C/2$$

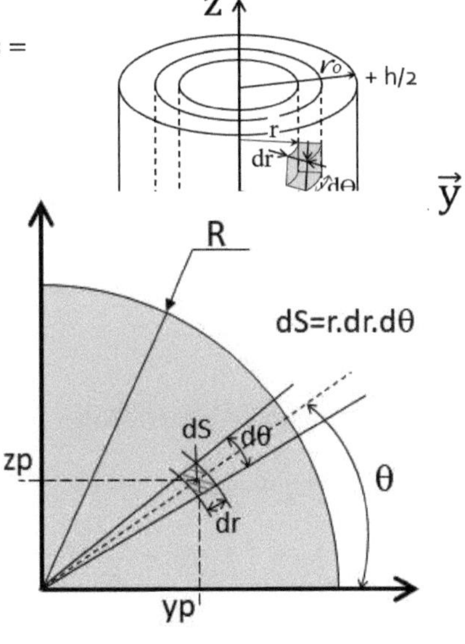

$$C = \int (x^2 + y^2).dm = \int r^2.dm = \sigma \int r^2.ds =$$

$$\sigma \int_0^{\frac{\pi}{2}} \int_0^R r^2.r.dr.d\theta$$

$$C = \sigma.\frac{\pi}{2}.\frac{R^4}{4} = m.\frac{R^2}{2}$$

$$A = B = m.\frac{R^2}{4}$$

$$F = \int xy.dm = \sigma \int xy.ds$$

$$F = \sigma \int_0^{\frac{\pi}{2}} \int_0^R r.\cos(\theta).r.\sin(\theta).r.dr.d\theta$$

$$F = \sigma \int_0^{\frac{\pi}{2}} \cos(\theta).\sin(\theta).d\theta \int_0^R .r^3.dr$$

$$F = \sigma \frac{R^4}{4} \int_0^{\frac{\pi}{2}} \cos(\theta).\sin(\theta).d\theta$$

$$F = \sigma \frac{R^4}{4} \int_0^{\frac{\pi}{2}} .\sin(\theta).d(\sin(\theta))$$

$$F = \sigma \frac{R^4}{4} \left[\frac{1}{2}\sin(\theta)^2\right]_0^{\frac{\pi}{2}} = \sigma \frac{R^4}{4} = m\frac{R^2}{2.\pi}$$

$$[I_0(S)] = \begin{bmatrix} \frac{m.R^2}{4} & -\frac{m.R^2}{2.\pi} & 0 \\ -\frac{m.R^2}{2.\pi} & \frac{m.R^2}{4} & 0 \\ 0 & 0 & \frac{m.R^2}{2} \end{bmatrix}$$

Exemplo 2

2- Soit (S) um cilindro homogêneo de rayon R et de hauteur h: Encontre a matriz de inércia$[I_0(S)]$

$(O,\overrightarrow{Z})$é um machado de revolução (machado de simetria material) enquanto a matriz de inércia é principal

$$[I_0(S)] = \begin{bmatrix} A & 0 & 0 \\ 0 & A & 0 \\ 0 & 0 & C \end{bmatrix}$$

$$A = \int (x^2 + z^2).dm(1)$$

$$A = \int (y^2 + z^2).dm(2)$$

$$C = \int (x^2 + y^2).dm(3)$$

Adições membre-se às relações (1) e (2)

$$2.A = \int (x^2 + y^2).dm + 2.\int z^2.dm$$

Ce qui fait apparaitre C. d'où

$A = \frac{C}{2} + \int z^2.dmcomdm = \rho.r.dr.d\theta.dz$

$dm = \rho.\pi.R^2.dz = \frac{m}{h}dz$adeus$\int z^2.dm = \frac{m}{h}.\int z^2.dz = \frac{m.h^2}{12}$

$$C = \int (x^2 + y^2).dm = \int r^2.dm = \frac{2.m}{R^2}\int r^3.dr = \frac{m.R^2}{2}$$

$$A = \frac{C}{2} + \int z^2.dm = \frac{m.R^2}{4} + \frac{m.h^2}{12}$$

3.4. Teorema de HUYGENS

O teorema de Huygens é uma fórmula matemática que estabelece uma relação entre as matrizes de inércia no ponto G centro de massa de um corpo e em um ponto M quelconque.

Soit G : centro de inércia de (S), $R_G(G,\vec{x}_1,\vec{y}_1,\vec{z}_1)$ é um ROD tel que $\vec{x}_1 // \vec{x}$, $\vec{y}_1 // \vec{y}$, $\vec{z}_1 // \vec{z}$

Soit M un point appartient à (S) les coordonnées de M dans le repère RG sont

$M(x \quad y \quad z)_{(\vec{x},\vec{y},\vec{z})}$Soit $G(x_G \quad y_G \quad z_G)_{(\vec{x},\vec{y},\vec{z})}$et

$M(x_1 \quad y_1 \quad z_1)_{(\vec{x}_1,\vec{y}_1,\vec{z}_1)}$alors$M(x_1 + x_G \quad y_1 + y_G \quad z_1 + z_G)_{(\vec{x},\vec{y},\vec{z})}$

$$A = \iiint (y^2 + z^2).dm = \iiint (y_1 + y_G)^2 + (z_1 + z_G)^2.dm \qquad (0.59)$$

$$A = \iiint {y_1}^2 + {z_1}^2.dm + ({y_G}^2 + {z_G}^2)\iiint dm + 2.y_G \iiint z_1\,dm + 2.z_G \iiint y_1\,dm \qquad (0.60)$$

$$\iiint z_1\,dm = \iiint y_1\,dm = 0 \qquad (0.61)$$

$$A = I(G,\vec{x}_1)(S) + ({y_G}^2 + {z_G}^2).m \qquad (0.62)$$

Então

$$A = I(O,\vec{x}) = I(G,\vec{x}_1)(S) + m.(y_G{}^2 + z_G{}^2) \quad (0.63)$$

$$B = I(O,\vec{y}) = I(G,\vec{y}_1)(S) + m.(x_G{}^2 + z_G{}^2) \quad (0.64)$$

$$C = I(O,\vec{z}) = I(G,\vec{z}_1)(S) + m.(x_G{}^2 + y_G{}^2) \quad (0.65)$$

$$D = I_{yz} = \int_{(S)} yz\,dm = \int_{(S)} y_1 z_1\,dm + y_G z_G.\int_{(S)} dm + y_G.\int_{(S)} z_1\,dm + z_G.\int_{(S)} y_1\,dm \quad (0.66)$$

$$I_{yz} = I_G yz + m y_G z_G \quad (0.67)$$

$$I_{xy} = I_G xy + m x_G y_G \quad (0.68)$$

$$I_{xz} = I_G xz + m x_G z_G \quad (0.69)$$

$$\begin{bmatrix} A & -F & -E \\ -F & B & -D \\ -E & -D & C \end{bmatrix} = \begin{bmatrix} A_G & -F_G & -E_G \\ -F_G & B_G & -D_G \\ -E_G & -D_G & C_G \end{bmatrix} + m \begin{bmatrix} y_G{}^2 + z_G{}^2 & -x_G y_G & -x_G z_G \\ -x_G y_G & x_G{}^2 + z_G{}^2 & -y_G z_G \\ -x_G z_G & -y_G z_G & x_G{}^2 + y_G{}^2 \end{bmatrix} \quad (0.70)$$

$$[I_0(S)] = [I_G(S)] + [I(G.O.m)] \quad (0.71)$$

$[I(G.O.m)]$: Matriz de inércia do ponto G afetada pela massa por relação ao ponto O.

Atenção: Esta relação não permite que você passe imediatamente pelo centro de massa G do sólido.

3.5. Cas d'un solide complexo composto de sólidos elementares

Em certos casos, pode ser interessante dividir um sólido em elementos mais simples, para que as matrizes de inércia sejam fáceis de determinar ou desfaçam.

$$[I_0(S)] = [I_0(S1)] + [I_0(S2)] - [I_0(S3)] \quad (0.72)$$

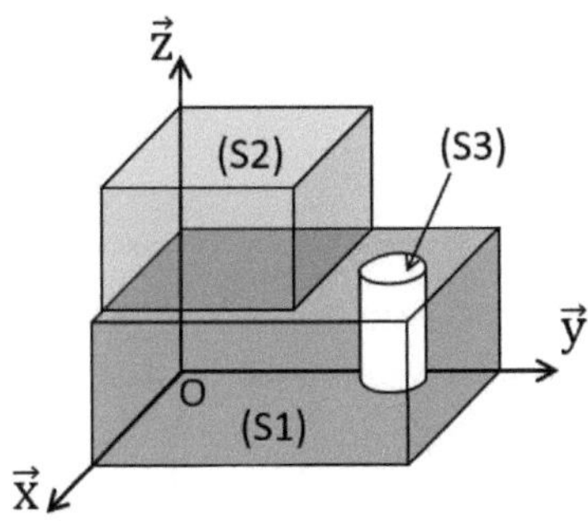

Figura 0. 7: matriz de inércia de um sólido complexo

4. Aplicativo :

4.1. Exercício 1: matriz de inércia de uma manivela

A manivela (S) representada pela figura ci-dessous é constituída por três corpos cilíndricos. Encontre a matriz de inércia$[I_0(S)]$

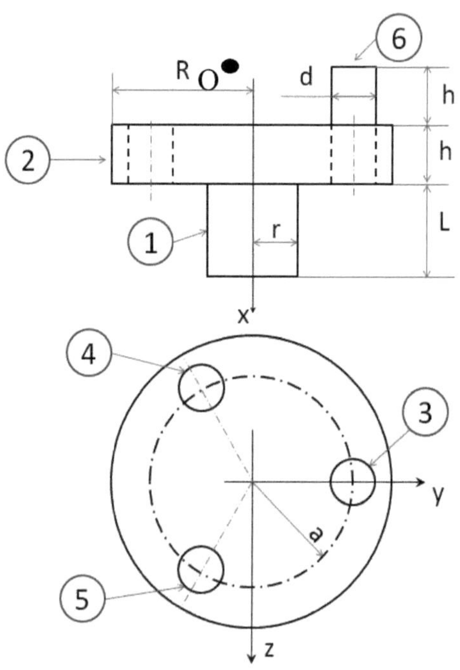

Figura 0. 8: matriz de inércia de uma manivela

$$[I_0(S)] = [I_0(S1)] + [I_0(S2)] + [I_0(S6)] - [I_0(S3)] - [I_0(S4)] - [I_0(S5)]$$

$$[I_G(Si)] = \begin{bmatrix} \frac{mi.R^2}{2} & 0 & 0 \\ 0 & \frac{mi.R^2}{4} + \frac{mi.h^2}{12} & 0 \\ 0 & 0 & \frac{mi.R^2}{4} + \frac{mi.h^2}{12} \end{bmatrix}$$

$$[I_0(Si)] = [I_{Gi}(Si)] + [I(Gi.O.mi)]$$

4.2. Exercício 2: placa de alumínio trouée.

Considere uma placa carrée comportando um trou cilíndrico de rayon R. O centro do trou é calculado a uma distância de acordo com o eixo y (veja a figura 1.8).

Sobre dado:

ρ = 2700kg/m3; R = 0,6m; d = 1m; L = 4 m e e = 0,1 m

1- Calcule as coordenadas do centro de massa da placa na base $(\vec{x}, \vec{y}, \vec{z})$.

2- Determinar a matriz de inércia da placa encontrada no ponto O:$[I_O(S)]$

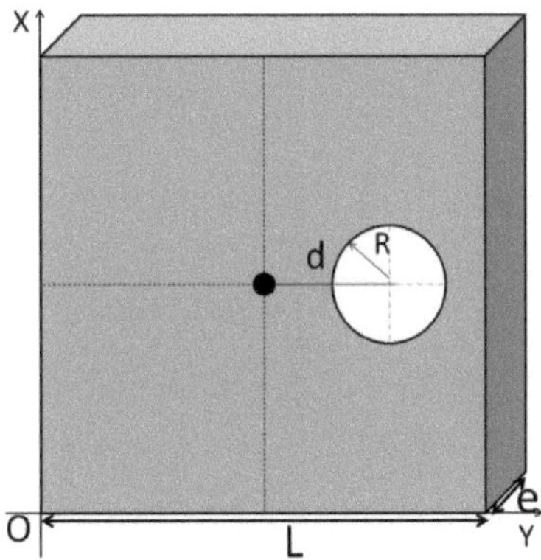

Figura 0. 9: placa carrée percée

Correção:

1 / A posição do centro de massa é dada por:$M.\overrightarrow{OG} = \int \overrightarrow{OM}.dm$

Se a placa for um plano de superfície, o elemento de massa «dm» está na forma seguinte: dm= ρ.dv

Com ρ: masse volumique(kg/m ^{3}) Despeje um sólido homogêneo « ρ=cts » porque a massa do sistema é « $M = V.S$» com 'V' é o volume total. Ao usar a definição do centro de massa, você pode escrever:

$$V.\rho.\overrightarrow{OG} = \int \overrightarrow{OM}.\rho.dV \;\rightarrow\; V.\overrightarrow{OG} = \int \overrightarrow{OM}.dV$$

$$V = \int dV = \int_0^L \int_0^L \int_0^e dx.dy\,dz = L^2 e$$

Então$V.\overrightarrow{OG} = \int \overrightarrow{OM}.dV \rightarrow L^2 e.\overrightarrow{OG} = \int_0^L \int_0^L \int_0^e \begin{pmatrix} x \\ y \\ z \end{pmatrix} dx.dy\,dz = \begin{pmatrix} \frac{L^3}{2}.e \\ \frac{L^3}{2}.e \\ L^2 \frac{e^2}{2} \end{pmatrix}$

O centro de massa é $\overrightarrow{OG} = \begin{pmatrix} \frac{L}{2} \\ \frac{L}{2} \\ \frac{e}{2} \end{pmatrix}$

2/ (S) possui dois planos de simetria $(o, \vec{y}, \vec{z})$ e $(o, \vec{x}, \vec{z})$ pois D=E=F=0.

Os eixos $(o, \vec{x})$ e $(o, \vec{y})$ são equivalentes $A = B$

$$[I_G(S)] = \begin{bmatrix} A & -F & -E \\ -F & B & -D \\ -E & -D & C \end{bmatrix} = \begin{bmatrix} A & 0 & 0 \\ 0 & A & 0 \\ 0 & 0 & C \end{bmatrix}$$

$$A = B = \int (y^2 + z^2).dm = \rho \int_{-\frac{L}{2}}^{\frac{L}{2}} \int_{-\frac{L}{2}}^{\frac{L}{2}} \int_{\frac{-e}{2}}^{\frac{e}{2}} (y^2 + z^2) dx.dy\,dz = \rho \left(\int_{-\frac{L}{2}}^{\frac{L}{2}} \int_{-\frac{L}{2}}^{\frac{L}{2}} \int_{\frac{-e}{2}}^{\frac{e}{2}} y^2 dx.dy\,dz + \int_{-\frac{L}{2}}^{\frac{L}{2}} \int_{-\frac{L}{2}}^{\frac{L}{2}} \int_{\frac{-e}{2}}^{\frac{e}{2}} z^2 dx.dy\,dz \right) = \rho \left(\frac{L^3}{12}.L.e + L^2.\frac{e^3}{12} \right) = \frac{m}{12}(L^2 + e^2)$$

$$C = \int (x^2 + y^2).dm = \rho \int_{-\frac{L}{2}}^{\frac{L}{2}} \int_{-\frac{L}{2}}^{\frac{L}{2}} \int_{\frac{-e}{2}}^{\frac{e}{2}} (x^2 + y^2) dx.dy\,dz$$

$$C = \rho \left(\int_{-\frac{L}{2}}^{\frac{L}{2}} \int_{-\frac{L}{2}}^{\frac{L}{2}} \int_{\frac{-e}{2}}^{\frac{e}{2}} x^2 dx.dy\,dz + \int_{-\frac{L}{2}}^{\frac{L}{2}} \int_{-\frac{L}{2}}^{\frac{L}{2}} \int_{\frac{-e}{2}}^{\frac{e}{2}} y^2 dx.dy\,dz \right) = \rho \left(\frac{L^3}{12}.L.e + \frac{L^3}{12}.L.e \right) = m\frac{L^2}{6}$$

$$[I_G(S)] = \begin{bmatrix} \frac{m}{12}(L^2 + e^2) & 0 & 0 \\ 0 & \frac{m}{12}(L^2 + e^2) & 0 \\ 0 & 0 & m\frac{L^2}{6} \end{bmatrix}$$

$$[I_O(S)] = \begin{bmatrix} A_G & 0 & 0 \\ 0 & B_G & 0 \\ 0 & 0 & C_G \end{bmatrix} + m \begin{bmatrix} {y_G}^2 + {z_G}^2 & -x_G y_G & -x_G z_G \\ -x_G y_G & {x_G}^2 + {z_G}^2 & -y_G z_G \\ -x_G z_G & -y_G z_G & {x_G}^2 + {y_G}^2 \end{bmatrix}$$

$$[I_o(S)] = \begin{bmatrix} \frac{m}{12}(L^2 + e^2) & 0 & 0 \\ 0 & \frac{m}{12}(L^2 + e^2) & 0 \\ 0 & 0 & m\frac{L^2}{6} \end{bmatrix} + m \begin{bmatrix} \frac{L^2}{2} + \frac{e^2}{2} & -\frac{L^2}{4} & -\frac{L.e}{4} \\ -\frac{L^2}{4} & \frac{L^2}{2} + \frac{e^2}{2} & -\frac{L.e}{4} \\ -\frac{L.e}{4} & -\frac{L.e}{4} & L^2 \end{bmatrix}$$

$$[I_o(S)] = m\begin{bmatrix} \frac{7}{12}(L^2+e^2) & -\frac{L^2}{4} & -\frac{L.e}{4} \\ -\frac{L^2}{4} & \frac{7}{12}(L^2+e^2) & -\frac{L.e}{4} \\ -\frac{L.e}{4} & -\frac{L.e}{4} & \frac{7}{6}L^2 \end{bmatrix}$$

4.3. Exercício 3: determinação da matriz de inércia de uma biela

A biela é um elemento mecânico que depende de duas articulações móveis, mas de transmitir uma força. A Figura 1 modela uma bielle mécano-soudée composta de três festas. Uma primeira bague (**S1**) de rayon externo **Re** e de longo **H** representa o tête de la bielle. Um segundo bague (**S2**) de rayon externo re e de longo h representa o pied de la bielle, tandis qu'un corps (**S3**) é representado por um retângulo paralelo longo a, de grande b et d'épaisseur c. Nesta modelagem simplificada, vamos omitir a junção entre o corpo e o pé da biela, assim como o corpo e a cabeça da biela. As três festas são homogêneas e têm uma massa volumétrica constante **ρ** . O plano ($\vec{x}$, $\vec{y}$) é um plano de simetria.

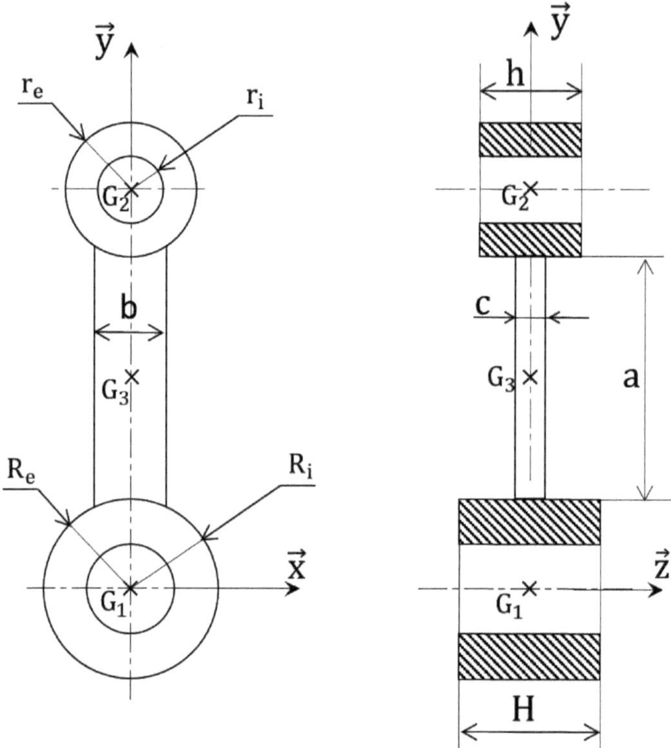

Figura 0. 10: modelização de uma biela

1) Determinar, em função dos parâmetros geométricos do problema e na representação ($G_1, \vec{x}, \vec{y}, \vec{z}$), a posição do centro de massa da biela
2) Ecrire dans le repère ($G_1, \vec{x}, \vec{y}, \vec{z}$)la matriz de inércia [$I_{(G_1,\vec{x},\vec{y},\vec{z})}$(S1)] de la bague (S1).
3) Em atraso na repetição ($G_2, \vec{x}, \vec{y}, \vec{z}$)a matriz de inércia [$I_{(G_2,\vec{x},\vec{y},\vec{z})}$(S2)] da baga (S2).
4) Ecrire dans le repère ($G_3, \vec{x}, \vec{y}, \vec{z}$)la matriz de inércia [$I_{(G_3,\vec{x},\vec{y},\vec{z})}$(S3)] do corpo (S3).
5) Aplique o teorema de Huygens para determinar as matrizes [$I_{(G_1,\vec{x},\vec{y},\vec{z})}$(S2)] e [$I_{(G_1,\vec{x},\vec{y},\vec{z})}$(S3)]
6) Crie na representação ($G_1, \vec{x}, \vec{y}, \vec{z}$) a matriz de inércia [$I_{(G_1,\vec{x},\vec{y},\vec{z})}$(S1+S2+S3)] da biela.

Correção:

1 / A posição do centro de massa da biela no repère ($G_1, \vec{x}, \vec{y}, \vec{z}$)

Para um sistema discreto, o centro de massa é calculado da seguinte maneira:

$$m.\overrightarrow{G_1G} = \sum_{i=1}^{n} \overrightarrow{G_1G_i}.m_i$$

$$M.\overrightarrow{G_1G} = \sum_{i=1}^{3} \overrightarrow{G_1G_i}.m_i = m_1.\overrightarrow{G_1G_1} + m_2.\overrightarrow{G_1G_2} + m_3.\overrightarrow{G_1G_3} = m_2.\overrightarrow{G_1G_2} + m_3.\overrightarrow{G_1G_3}$$

Com M=m $_1$ +m $_2$ +m $_3$

$$M.\overrightarrow{G_1G} = m_2.\overrightarrow{G_1G_2} + m_3.\overrightarrow{G_1G_3} = m_2.\begin{pmatrix} 0 \\ R_e + a + r_e \\ 0 \end{pmatrix} + m_3.\begin{pmatrix} 0 \\ R_e + \frac{a}{2} \\ 0 \end{pmatrix}$$

2/ Matriz de inércia da bagagem (S1)

(S1) possui dois planos de simetria ($o, \vec{y}, \vec{z}$) e ($o, \vec{x}, \vec{z}$) desde D=E=F=0..

Os eixos ($o, \vec{x}$) e ($o, \vec{y}$) são equivalentes$A = B$

$$[I_{(G_1,\vec{x},\vec{y},\vec{z})}(S1)] = \begin{bmatrix} A_e & 0 & 0 \\ 0 & A_e & 0 \\ 0 & 0 & C_e \end{bmatrix} - \begin{bmatrix} A_i & 0 & 0 \\ 0 & A_i & 0 \\ 0 & 0 & C_i \end{bmatrix}$$

$A = \int (x^2 + z^2).dm(1)$

$A = \int (y^2 + z^2).dm(2)$

$C = \int (x^2 + y^2).dm(3)$

Adições membre-se às relações (1) e (2)

$$2.A = \int (x^2 + y^2).dm + 2.\int z^2.dm$$

Ce qui fait apparaitre C. d'où

$A = \frac{C}{2} + \int z^2.dm com dm = \rho.r.dr.d\theta.dz$

$dm = \rho.\pi.R^2.dz = \frac{m}{h} dz a deus \int z^2.dm = \frac{m}{h}.\int z^2.dz = \frac{m.h^2}{12}$

$$C = \int (x^2 + y^2).dm = \int r^2.dm = \frac{2.m}{R^2}\int r^3.dr = \frac{m.R^2}{2}$$

$$A = \frac{C}{2} + \int z^2.dm = \frac{m.R^2}{4} + \frac{m.h^2}{12}$$

Você

$$[I_{(G_1,\vec{x},\vec{y},\vec{z})}(S1)] = m_{e1}.\begin{bmatrix} \frac{R_e^2}{4}+\frac{H^2}{12} & 0 & 0 \\ 0 & \frac{R_e^2}{4}+\frac{H^2}{12} & 0 \\ 0 & 0 & \frac{R_e^2}{4} \end{bmatrix} - m_{i1}.\begin{bmatrix} \frac{R_i^2}{4}+\frac{H^2}{12} & 0 & 0 \\ 0 & \frac{R_i^2}{4}+\frac{H^2}{12} & 0 \\ 0 & 0 & \frac{R_i^2}{4} \end{bmatrix}$$

Com

Massa do volume externo$m_{e1} = \rho.\pi.R_e{}^2.H$

Massa do volume interno$m_{i1} = \rho.\pi.R_i{}^2.H$

3/ Matriz de inércia da bagagem (S2)

(S2) possui dois planos de simetria $(o,\vec{y},\vec{z})$ e $(o,\vec{x},\vec{z})$ pois D=E=F=0.

Os eixos $(o,\vec{x})$ e $(o,\vec{y})$ são equivalentes$A = B$

$$[I_{(G_2,\vec{x},\vec{y},\vec{z})}(S2)] = \begin{bmatrix} A_e & 0 & 0 \\ 0 & A_e & 0 \\ 0 & 0 & C_e \end{bmatrix} - \begin{bmatrix} A_i & 0 & 0 \\ 0 & A_i & 0 \\ 0 & 0 & C_i \end{bmatrix}$$

$$[I_{(G_2,\vec{x},\vec{y},\vec{z})}(S2)] = m_{e2}\begin{bmatrix} \frac{r_e^2}{4}+\frac{h^2}{12} & 0 & 0 \\ 0 & \frac{r_e^2}{4}+\frac{h^2}{12} & 0 \\ 0 & 0 & \frac{r_e^2}{4} \end{bmatrix} - m_{i2}\begin{bmatrix} \frac{r_i^2}{4}+\frac{h^2}{12} & 0 & 0 \\ 0 & \frac{r_i^2}{4}+\frac{h^2}{12} & 0 \\ 0 & 0 & \frac{r_i^2}{4} \end{bmatrix}$$

Com

Massa do volume externo$m_{e2} = \rho.\pi.r_e{}^2.h$

Massa do volume interno$m_{i2} = \rho.\pi.r_i{}^2.h$

4/ Matrice d'inertie $[I_{(G_3,\vec{x},\vec{y},\vec{z})}(S3)]$ du corps (S3) dans $(G_3,\vec{x},\vec{y},\vec{z})$

(S3) possui dois planos de simetria $(G_3,\vec{y},\vec{z})$ e $(G_3,\vec{x},\vec{z})$ como D=E=F=0.

$$[I_{(G_3,\vec{x},\vec{y},\vec{z})}(S3)] = \begin{bmatrix} A & 0 & 0 \\ 0 & B & 0 \\ 0 & 0 & C \end{bmatrix}$$

$A = \int(y^2 + z^2).dm(1)$

$B = \int(x^2 + z^2).dm(2)$

$C = \int(x^2 + y^2).dm(3)$

$$I_{(G_3,\vec{x},\vec{y},\vec{z})}(S3)] = \begin{bmatrix} \frac{m_3}{12}(a^2+c^2) & 0 & 0 \\ 0 & \frac{m_3}{12}(b^2+c^2) & 0 \\ 0 & 0 & \frac{m_3}{12}(b^2+a^2) \end{bmatrix}$$

6/ Aplique o teorema de Huygens para escrever as matrizes $[I_{(G_1,\vec{x},\vec{y},\vec{z})}(S2)]$ e $[I_{(G_1,\vec{x},\vec{y},\vec{z})}(S3)]$

$$[I_{G_1}(S2)] = [I_{G_2}(S2)] + [I(G_2.G_1.m_2)]$$

$$[I_{G_2}(S2)] = m_{e2}\begin{bmatrix} \frac{r_e{}^2}{4}+\frac{h^2}{12} & 0 & 0 \\ 0 & \frac{r_e{}^2}{4}+\frac{h^2}{12} & 0 \\ 0 & 0 & \frac{r_e{}^2}{4} \end{bmatrix} - m_{i2}\begin{bmatrix} \frac{r_i{}^2}{4}+\frac{h^2}{12} & 0 & 0 \\ 0 & \frac{r_i{}^2}{4}+\frac{h^2}{12} & 0 \\ 0 & 0 & \frac{r_i{}^2}{4} \end{bmatrix}$$

$$[I(G_2.G_1.m_2)] = m_{e2}\begin{bmatrix} (R_e+a+r_e)^2 & 0 & 0 \\ 0 & 0 & 0 \\ 0 & 0 & (R_e+a+r_e)^2 \end{bmatrix} -$$

$$m_{i2}\begin{bmatrix} (R_i+a+r_i)^2 & 0 & 0 \\ 0 & 0 & 0 \\ 0 & 0 & (R_i+a+r_i)^2 \end{bmatrix}$$

$$[I_{G_1}(S3)] = [I_{G_3}(S3)] + [I(G_3.G_1.m_3)]$$

$$[I_{G1}(S3)] = \begin{bmatrix} \frac{m_3}{12}(a^2+c^2) & 0 & 0 \\ 0 & \frac{m_3}{12}(b^2+c^2) & 0 \\ 0 & 0 & \frac{m_3}{12}(b^2+a^2) \end{bmatrix} + m_3\begin{bmatrix} \left(\frac{a}{2}+R_e\right)^2 & 0 & 0 \\ 0 & 0 & 0 \\ 0 & 0 & \left(\frac{a}{2}+R_e\right)^2 \end{bmatrix}$$

CAPÍTULO 2: Cinema

2. Torseur cinétique

2.1. Definição

No chamado Torseur Cinétique ou Torseur des Quantidades de Movimento de um Sistema de Material (S) em seu Movimento por Relação a um Repère R, o Torseur Definido por:

$$\{C(S/R)\}_A = \begin{Bmatrix} \vec{Q} = \int \vec{V}_{M/R}\, dm \\ \vec{\sigma_A}(S/R) = \int \overrightarrow{AM} \wedge \vec{V}_{M/R} dm \end{Bmatrix} \quad (0.1)$$

Onde

$$\vec{V}_{M/R} = \left[\frac{d\overrightarrow{OM}}{dt}\right]_R \quad (0.2)$$

$\vec{\mathbb{Q}}$: é o resultado cinematográfico aplicado também à quantidade de movimento de (S). Ela é calculada a partir da velocidade do seu vetor, ela depende do número na escala do cálculo.

$\vec{\sigma}$: é o momento cinético no ponto A de (S) por relação com R esta quantidade de resposta na sequência do cálculo ∀ B.

$$\vec{\sigma_B}(S/R) = \int \overrightarrow{BM} \wedge \vec{V}_{M/R} dm = \int \left(\overrightarrow{BA} + \overrightarrow{AM}\right) \wedge \vec{V}_{M/R} dm \quad (0.3)$$

$$\vec{\sigma_B}(S/R) = \int \overrightarrow{BA} \wedge \vec{V}_{M/R} dm + \int \overrightarrow{AM} \wedge \vec{V}_{M/R} dm = \overrightarrow{BA} \wedge \int \vec{V}_{M/R} dm + \vec{\sigma_A}(S/R) \quad (0.4)$$

$$\vec{\sigma_B}(S/R) = \vec{\sigma_A}(S/R) + \overrightarrow{BA} \wedge \vec{\mathbb{Q}} \quad (0.5)$$

2.2. Resultado cinematográfico

Soit G é o centro de gravidade de (S) agora

$$m.\overrightarrow{OG} = \int \overrightarrow{OM}.dm \quad (0.6)$$

Em decorrência do relacionamento com o tempo:

$$\left[\frac{d(m.\overrightarrow{OG})}{dt}\right]_R = \left[\frac{d(\int \overrightarrow{OM}.dm)}{dt}\right]_R \quad (0.7)$$

Supondo que seja independente do tempo:

$$m\left[\frac{d\overrightarrow{OG}}{dt}\right]_R = \int \left[\frac{d\overrightarrow{OM}}{dt}\right]_R dm \quad (0.8)$$

Então

$$m\,\vec{V}_{G/R} = \vec{\mathbb{Q}} \quad (0.9)$$

$$\{C(S/R)\}_A = \begin{Bmatrix} m\,\vec{V}_{G/R} \\ \vec{\sigma_A}(S/R) \end{Bmatrix} \quad (0.10)$$

2.3. Momento cinétique

Então (S) um sistema material de centro de gravidade G, o torso cinematográfico $\{V_{(S/R)}\}$ do sólido S no ponto A est :

$$\{V_{S/R}\}_A = \begin{Bmatrix} \vec{\Omega}_{S/R} \\ \vec{V}_{A\in S/R} \end{Bmatrix}_A \tag{0. 11}$$

O momento cinético no ponto A est:

$$\vec{\sigma_A}(S/R) = \int \overrightarrow{AM} \wedge \vec{V}_{M\in S/R} dm \tag{0. 12}$$

Ou em pode escrever:

$$\vec{V}_{M\in S/R} = \vec{V}_{A\in S/R} + \overrightarrow{MA} \wedge \vec{\Omega}_{S/R} \tag{0. 13}$$

Então

$$\vec{\sigma_A}(S/R) = \int \overrightarrow{AM} \wedge \vec{V}_{A\in S/R} dm + \int \overrightarrow{AM} \wedge \left(\overrightarrow{MA} \wedge \vec{\Omega}_{S/R}\right) dm \tag{0. 14}$$

$$\vec{\sigma_A}(S/R) = \int \overrightarrow{AM} \wedge \vec{V}_{A\in S/R} dm + \int \overrightarrow{AM} \wedge \left(\vec{\Omega}_{S/R} \wedge \overrightarrow{AM}\right) dm \tag{0. 15}$$

$$\vec{\sigma_A}(S/R) = m.\overrightarrow{AG} \wedge \vec{V}_{A\in S/R} + J_A(S)\left(\vec{\Omega}_{S/R}\right) \tag{0. 16}$$

$$\vec{\sigma_A}(S/R) = m.\overrightarrow{AG} \wedge \vec{V}_{A\in S/R} + [I_A(s)].\vec{\Omega}_{S/R} \tag{0. 17}$$

Observação:

- Se A estiver conectado com o centro de gravidade G, então

$$\vec{\sigma_G}(S/R) = [I_G(s)].\vec{\Omega}_{S/R} \tag{0. 18}$$

- Se A estiver fixo em R, então

$$\vec{\sigma_A}(S/R) = [I_A(s)].\vec{\Omega}_{S/R} \tag{0. 19}$$

- Se a vida de A est paralela $\overrightarrow{AG}$alors

$$\vec{\sigma_A}(S/R) = [I_A(s)].\vec{\Omega}_{S/R} \tag{0. 20}$$

3. Torseur dinamique

3.1. Definição

O torso dinâmico também apela ao torso das quantidades de aceleração de um sistema material (S) em movimento por relacionamento com R em um ponto A quelconque é:

$$\{D_{S/R}\}_A = \begin{Bmatrix} \int \vec{\Gamma}_{M/R}\, dm \\ \vec{\delta_A}(S/R) = \int \overrightarrow{AM} \wedge \vec{\Gamma}_{M/R} dm \end{Bmatrix} \tag{0. 21}$$

- $\int \vec{\Gamma}_{M/R}\, dm$é o resultado dinâmico (nomeado também com quantidade de aceleração) de (S).
- $\vec{\delta_A}(S/R)$é o momento resultante ou momento dinâmico de (S) por relacionamento com R.

3.2. Resultado dinâmico

Em decorrência da expressão do resultado cinematográfico com a massa é constante

$$\left[\frac{d\, m.\vec{V}_{G/R}}{dt}\right]_R = \left[\frac{d \int \vec{V}_{M/R} dm}{dt}\right]_R \quad (0.22)$$

$$m\left[\frac{d\vec{V}_{G/R}}{dt}\right]_R = \int \vec{\Gamma}_{M/R}\, dm \quad (0.23)$$

$$\int \vec{\Gamma}_{M/R}\, dm = m.\vec{\Gamma}_{G/R} \quad (0.24)$$

3.3. Momento dinâmico

O momento cinematográfico em A de S par rapport à R est

$$\overrightarrow{\sigma_A}(S/R) = \int \overrightarrow{AM} \wedge \vec{V}_{M\in S/R} dm \quad (0.25)$$

Em decorrência desta equação

$$\left[\frac{d}{dt}\overrightarrow{\sigma_A}(S/R)\right]_R = \int \left[\frac{d}{dt}\overrightarrow{AM} \wedge \vec{V}_{M/R}\right]_R dm \quad (0.26)$$

$$\left[\frac{d}{dt}\overrightarrow{\sigma_A}(S/R)\right]_R = \int \left[\frac{d}{dt}\overrightarrow{AM}\right]_R \wedge \vec{V}_{M/R}\, dm + \int \overrightarrow{AM} \wedge \left[\frac{d}{dt}\, \vec{V}_{M/R}\right]_R dm \quad (0.27)$$

Soit

$$\overrightarrow{AM} = \overrightarrow{OM} - \overrightarrow{OA} \quad (0.28)$$

$$\left[\frac{d}{dt}\overrightarrow{\sigma_A}(S/R)\right]_R = \int \left[\frac{d\overrightarrow{OM}}{dt} - \frac{d\overrightarrow{OA}}{dt}\right]_R \wedge \vec{V}_{M/R}\, dm + \int \overrightarrow{AM} \wedge \left[\frac{d}{dt}\, \vec{V}_{M/R}\right]_R dm \quad (0.29)$$

$$\left[\frac{d}{dt}\overrightarrow{\sigma_A}(S/R)\right]_R = \int (\vec{V}_{M/R} - \vec{V}_{A/R}) \wedge \vec{V}_{M/R}\, dm + \int \overrightarrow{AM} \wedge \vec{\Gamma}_{M/R}\, dm \quad (0.30)$$

$$\left[\frac{d}{dt}\overrightarrow{\sigma_A}(S/R)\right]_R = \int \vec{V}_{M/R} \wedge \vec{V}_{M/R}\, dm - \int \vec{V}_{A/R} \wedge \vec{V}_{M/R}\, dm + \int \overrightarrow{AM} \wedge \vec{\Gamma}_{M/R}\, dm \quad (0.31)$$

$$\left[\frac{d}{dt}\overrightarrow{\sigma_A}(S/R)\right]_R = -\int \vec{V}_{A/R} \wedge \vec{V}_{M/R}\, dm + \int \overrightarrow{AM} \wedge \vec{\Gamma}_{M/R}\, dm \quad (0.32)$$

Le moment dynamique $\int \overrightarrow{AM} \wedge \vec{\Gamma}_{M/R}\, dm$, noté $\overrightarrow{\delta_A}(S/R)$peut-être formulé como suit :

$$\overrightarrow{\delta_A}(S/R) = \left[\frac{d}{dt}\overrightarrow{\sigma_A}(S/R)\right]_R + \int \vec{V}_{A/R} \wedge \vec{V}_{M/R}\, dm \quad (0.33)$$

$$\overrightarrow{\delta_A}(S/R) = \left[\frac{d}{dt}\overrightarrow{\sigma_A}(S/R)\right]_R + m.\vec{V}_{A/R} \wedge \vec{V}_{G/R} \quad (0.34)$$

Observação:

- Si A está no centro de gravidade$\overrightarrow{\delta_G}(S/R) = \left[\frac{d}{dt}\overrightarrow{\sigma_A}(S/R)\right]_R$
- Si A est fixe dans R la vitesse de A est parallèle$\vec{V}_{G/R}$ $\overrightarrow{\delta_A}(S/R) = \left[\frac{d}{dt}\overrightarrow{\sigma_A}(S/R)\right]_R$

Retomar :

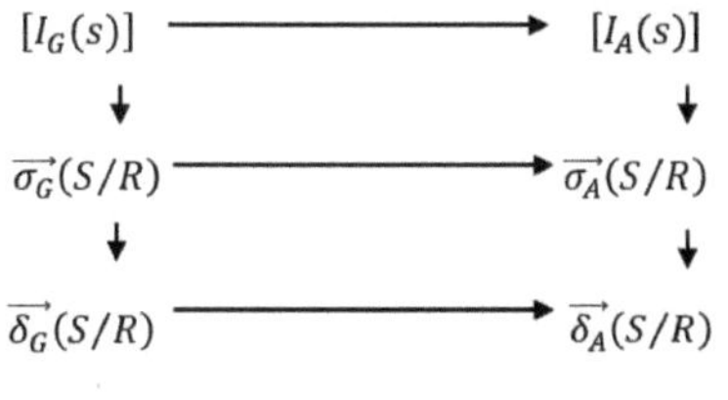

4. Aplicativo

4.1. Exercício 1: Torseurs cinétique et dynamique d'une tige

Considera um tige homogêneo de comprimento l, d'épaisseur insignificante e de massa em ligação com o pivô do eixo (O, $\vec{z}$) com o bati et continua no plano (O, $\vec{x}$, $\vec{y}$).

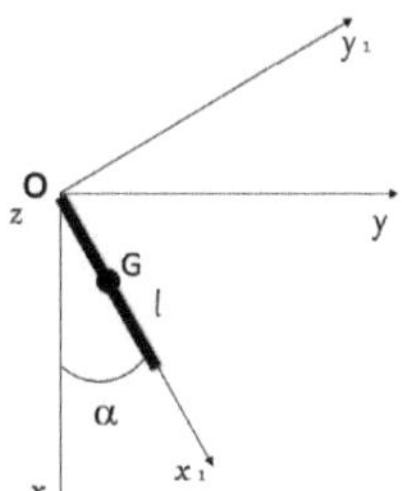

Figura 0. 1: Pêndulo simples

Torseur cinétique

Exprime o torso cinético no ponto G, centro de massa, e no ponto O, origem do repère.

$$\{C(T/R)\}_G = \begin{Bmatrix} \vec{Q} \\ \overrightarrow{\sigma_G}(T/R) \end{Bmatrix} = \begin{Bmatrix} m\,\vec{V}_{G/R} \\ \overrightarrow{\sigma_G}(T/R) = \int \overrightarrow{GM} \wedge \vec{V}_{M/R} dm \end{Bmatrix} \tag{0. 35}$$

$$\int \overrightarrow{GM} \wedge \vec{V}_{M/R} dm = \int_0^l (x - \tfrac{l}{2}) \overrightarrow{x_1} \wedge (x\dot{\alpha}\overrightarrow{y_1}) dm = \int_0^l \left(x - \tfrac{l}{2}\right) \overrightarrow{x_1} \wedge (x\dot{\alpha}\overrightarrow{y_1}) \tfrac{m}{l} dx \tag{0. 36}$$

$$\{C(T/R)\}_G = \begin{Bmatrix} \vec{Q} \\ \overrightarrow{\sigma_G}(T/R) \end{Bmatrix} = \begin{Bmatrix} \vec{Q} = m.\frac{l}{2}.\dot{\alpha}\,\overrightarrow{y_1} \\ \overrightarrow{\sigma_G}(T/R) = \frac{m.l^2}{12}\dot{\alpha}\ \vec{z} \end{Bmatrix} \tag{0. 37}$$

Torseur dinamique

Exprime o torso dinâmico do tigre no centro de massa G.

$$\{C(T/R)\}_G = \begin{Bmatrix} \vec{Q} \\ \overrightarrow{\sigma_G}(T/R) \end{Bmatrix} = \begin{Bmatrix} \vec{Q} = m.\frac{l}{2}.\dot{\alpha}\,\overrightarrow{y_1} \\ \overrightarrow{\sigma_G}(T/R) = \frac{m.l^2}{12}\dot{\alpha}\ \vec{z} \end{Bmatrix} \tag{0. 38}$$

$$\{D_{T/R}\}_G = \begin{Bmatrix} m.\vec{\Gamma}_{G/R} \\ \overrightarrow{\delta_G}(T/R) = \left[\frac{d}{dt}\overrightarrow{\sigma_G}(S/R)\right]_R \end{Bmatrix} \tag{0. 39}$$

$$\vec{\Gamma}_{G/R} = \left[\frac{d}{dt}\left(\frac{1}{2}.\dot{\alpha}\,\overrightarrow{y_1}\right)\right]_R = \frac{1}{2}.\ddot{\alpha}\,.\overrightarrow{y_1} - \frac{1}{2}.\dot{\alpha}^2.\overrightarrow{x_1} \qquad (0.40)$$

$$m.\vec{\Gamma}_{G/R} = \frac{\mathrm{m.l}}{2}(\ddot{\alpha}\,.\overrightarrow{y_1} - \dot{\alpha}^2.\overrightarrow{x_1}) \qquad (0.41)$$

$$\overrightarrow{\delta_G}(T/R) = \left[\frac{d}{dt}\overrightarrow{\sigma_G}(T/R)\right]_R = \left[\frac{d}{dt}\left(\frac{m.l^2}{12}\dot{\alpha}\ \vec{z}\right)\right]_R = \frac{m.l^2}{12}\ddot{\alpha}\ \vec{z} \qquad (0.42)$$

$$\{D_{\mathrm{T/R}}\}_G = \left\{\begin{matrix} m.\vec{\Gamma}_{G/R} \\ \overrightarrow{\delta_G}(T/R) = \left[\frac{d}{dt}\overrightarrow{\sigma_G}(T/R)\right]_R \end{matrix}\right\} = \left\{\begin{matrix} \frac{\mathrm{m.l}}{2}(\ddot{\alpha}\,.\overrightarrow{y_1} - \dot{\alpha}^2.\overrightarrow{x_1}) \\ \overrightarrow{\delta_G}(T/R) = \frac{m.l^2}{12}\ddot{\alpha}\ \vec{z} \end{matrix}\right\} \qquad (0.43)$$

$$\overrightarrow{\delta_0}(T/R) = \overrightarrow{\delta_G}(T/R) + \overrightarrow{OG} \wedge m.\vec{\Gamma}_{\frac{G}{R}} = \frac{m.l^2}{12}\ddot{\alpha}\ \vec{z} + \frac{m.l^2}{4}\ddot{\alpha}\ \vec{z} = \frac{m.l^2}{3}\ddot{\alpha}\,\vec{z} \qquad (0.44)$$

4.2. Exercício 2: Roue sur plan horizontal

Considere o caminho (S) representado pela figura 2.2. Ela é modelada por um disco homogêneo de rayon R, de espessura insignificante e de massa m. A posição do centro de massa G para relação com um representante R supostamente fixo é notado como x. O ponto de contato com o sol é notado I.

Determinar, por rapport au repère R, les torseurs cinétique $\{C_{(S/R)}\}_G$et dinamique $\{D_{(S/R)}\}_G$au point G.

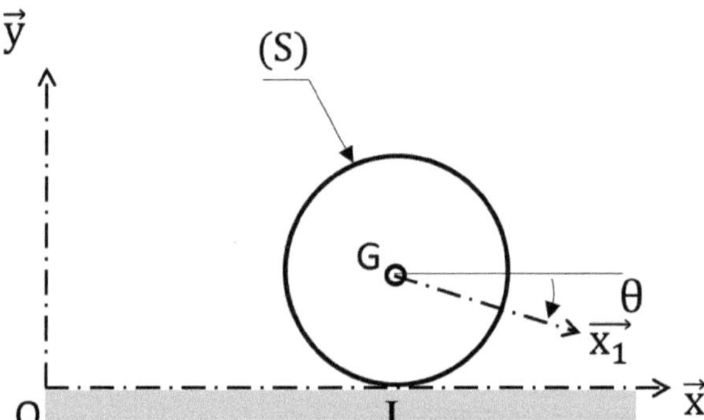

Figura 0. 2: Rota sobre plano horizontal

Cálculo do resultado cinematográfico. Por definição:

$$\vec{\mathbb{Q}} = \mathrm{m}\,\vec{\mathrm{V}}_{\mathrm{G/R}} = \mathrm{m}\left.\frac{\mathrm{d}\overrightarrow{\mathrm{OG}}}{\mathrm{dt}}\right|_{\mathrm{R}} = \mathrm{m}\left.\frac{\mathrm{d}(\mathrm{R}.\theta.\vec{\mathrm{x}}+\mathrm{R}.\vec{\mathrm{y}})}{\mathrm{dt}}\right|_{\mathrm{R}} = \mathrm{m.R.}\dot{\theta}.\vec{\mathrm{x}}$$

Cálculo do momento cinematográfico em G. Por definição:

$$\overrightarrow{\sigma_{\mathrm{G}}}(\mathrm{S/R}) = [\mathrm{I_G(s)}].\vec{\Omega}_{\ \mathrm{S/R}}$$

$$\overrightarrow{\sigma_{\mathrm{G}}}(\mathrm{S/R}) = \begin{bmatrix} \mathrm{m}\frac{\mathrm{R}^2}{4} & 0 & 0 \\ 0 & \mathrm{m}\frac{\mathrm{R}^2}{4} & 0 \\ 0 & 0 & \mathrm{m}\frac{\mathrm{R}^2}{2} \end{bmatrix} . \begin{pmatrix} 0 \\ 0 \\ \dot{\theta} \end{pmatrix} = \mathrm{m}\frac{\mathrm{R}^2}{2}\dot{\theta}\,\vec{\mathrm{z}}$$

$$\{C_{(S/R)}\}_G = \begin{Bmatrix} \vec{\mathbb{Q}} = m.R.\dot{\theta}.\vec{x} \\ \overrightarrow{\sigma_G}(S/R) = m\frac{R^2}{2}\dot{\theta}\,\vec{z} \end{Bmatrix}_G$$

Em decorrência da expressão do resultado cinematográfico com a massa é constante

$$\int \vec{\Gamma}_{M/R}\,dm = m.\vec{\Gamma}_{G/R}$$

$$m.\vec{\Gamma}_{G/R} = m.R.\ddot{\theta}.\vec{x}$$

Momento dinâmico

$$\overrightarrow{\delta_G}(S/R) = \left[\frac{d}{dt}\overrightarrow{\sigma_G}(S/R)\right]_R = m\frac{R^2}{2}\ddot{\theta}\,\vec{z}$$

$$\{D_{(S/R)}\}_G = \begin{Bmatrix} m.\vec{\Gamma}_{G/R} = m.R.\ddot{\theta}.\vec{x} \\ \overrightarrow{\delta_G}(S/R) = m\frac{R^2}{2}\ddot{\theta}\,\vec{z} \end{Bmatrix}_G$$

4.3. Exercício 3: Manège

Le dispositif représenté (figura 2.3) modela o movimento de um manège: constituído de uma barra longa (S1) de longueur OA = ldont la masse est negligée par rapport au reste du dispositif - reliée a un solide (S2) qui figure la nacelle dans laquelle as pessoas foram instaladas; esta nacela é modelada por um disco homogêneo de raiom R e massa m; son épaisseur é suposto ser negligenciável. A orientação da barra (S1) por relacionamento com referência de referência R $(O, \overrightarrow{x_0}, \overrightarrow{y_0}, \vec{z})$lié au sol (S0) é dada pelo ângulo θ_1 e a célula da nacela (S2) por relacionamento sólido (S1) por ângulo θ_2. A distância AG = a.

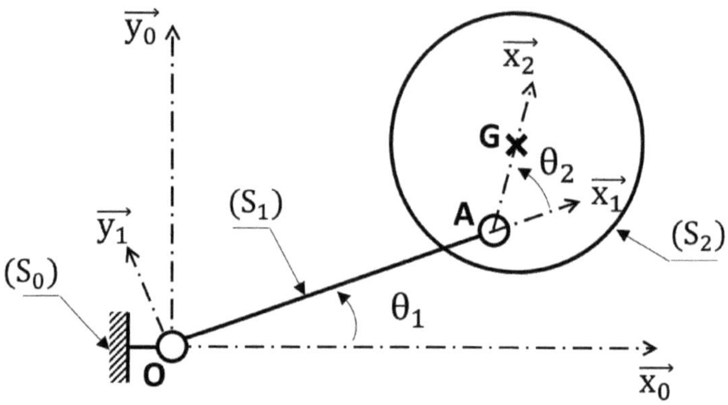

Figura 0. 3: Manège

1- Determinar, por rapport au repère R, o torso cinético no ponto A do conjunto (S1+S2)

2- Determinar, por relacionamento com o repère R, o torso dinâmico no ponto A do conjunto (S1+S2)

Matriz de inércia de um tige no ponto G d'axe (boi)

$$[I_G(S)] = \begin{bmatrix} 0 & 0 & 0 \\ 0 & m\frac{l^2}{3} & 0 \\ 0 & 0 & m\frac{l^2}{3} \end{bmatrix}$$

Matriz de inércia de um disco no ponto G de machado (oz)

$$[I_G(S)] = \begin{bmatrix} m\frac{R^2}{4} & 0 & 0 \\ 0 & m\frac{R^2}{4} & 0 \\ 0 & 0 & m\frac{R^2}{2} \end{bmatrix}$$

Correção:

1/ Le torseur cinétique de l'ensemble é (por definição) a soma dos torseurs cinétiques de cada elemento. Ensuite, como S1 é considerado sem massa (ou sua massa é considerada sem efeito dinâmico) seu torso cinético é nulo.

Ao começar a escrever o torso cinematográfico de S2/S0:

$$\{V_{(S2/R)}\}_G = \begin{Bmatrix} \vec{\Omega}_{(S2/S0)} \\ \vec{V}_{(G\in S2/S0)} \end{Bmatrix}_G$$

Para a rotação do vetor:

$\vec{\Omega}_{(S2/S0)} = (\dot{\theta}_1 + \dot{\theta}_2)\vec{z}$

Para o momento (vitesse) em G :

$\vec{V}_{(G\in S2/S0)} = \frac{d\overrightarrow{OG}}{dt}\Big|_R = \frac{d(l.\overrightarrow{x_1}+a.\overrightarrow{x_2})}{dt}\Big|_R = l.\dot{\theta}_1.\overrightarrow{y_1} + a.(\dot{\theta}_1 + \dot{\theta}_2).\overrightarrow{y_2}$

Cálculo do resultado cinético de S2/S0. Por definição:

$\vec{\mathbb{Q}} = m.\vec{V}_{(G\in S2/S0)}$

Cálculo do momento cinematográfico em G. Por definição:

$\overrightarrow{\sigma_G}(S2/S0) = [I_G(S2)].\vec{\Omega}_{\ S2/R}$

Cálculo do momento cinematográfico em A. Por definição:

$\overrightarrow{\sigma_A}(S2/S0) = m.\overrightarrow{AG} \wedge \vec{V}_{(A\in S2/S0)} + [I_A(S2)].\vec{\Omega}_{\ S2/R}$

Apesar da matriz de inércia ser mais fácil de ser exprimida no centro de gravidade G. Em voit doc duas soluções equivalentes: a estreia no cálculo da matriz em G e depois em A (graça ao teorema de Huygens) e na aplicação da fórmula ci-dessus ; la deuxième on calcule le moment cinétique en Get on déduit celui en A par la formula de changement de point :

$\overrightarrow{\sigma_A}(S2/S0) = \overrightarrow{\sigma_G}(S2/S0) + m.\overrightarrow{AG} \wedge \vec{V}_{(G\in S2/S0)}$

Sobre o que é:

$\overrightarrow{\sigma_G}(S2/S0) = \frac{m.R^2}{2}(\dot{\theta}_1 + \dot{\theta}_2)\vec{z}$

Depois disso, o momento cinético do ponto A par a fórmula de mudança de ponto:

$\overrightarrow{\sigma_A}(S2/S0) = \frac{m.R^2}{2}(\dot{\theta}_1 + \dot{\theta}_2)\vec{z} + m.a.\overrightarrow{x_2} \wedge [l.\dot{\theta}_1.\overrightarrow{y_1} + a.(\dot{\theta}_1 + \dot{\theta}_2).\overrightarrow{y_2}]$

O desenvolvimento do produto vetorial foi feito:

$\overrightarrow{\sigma_A}(S2/S0) = \frac{m.R^2}{2}(\dot{\theta}_1 + \dot{\theta}_2)\vec{z} + m.a.l.\dot{\theta}_1.\overrightarrow{x_2} \wedge \overrightarrow{y_1} + m.a^2.(\dot{\theta}_1 + \dot{\theta}_2).\overrightarrow{x_2} \wedge \overrightarrow{y_2}$

A projeção da $\overrightarrow{x_2}$base $(\overrightarrow{x_1}, \overrightarrow{y_1}, \vec{z})$

$\overrightarrow{\sigma_A}(S2/S0) = \frac{m.R^2}{2}(\dot{\theta}_1 + \dot{\theta}_2)\vec{z} + m.a.l.\dot{\theta}_1.(\cos\theta_2.\overrightarrow{x_1} + \sin\theta_2.\overrightarrow{y_1}) \wedge \overrightarrow{y_1} + m.a^2.(\dot{\theta}_1 +$
$\dot{\theta}_2).\vec{z}$

E, no final:

$$\overrightarrow{\sigma_A}(S2/S0) = \left[m\left(\frac{R^2}{2} + a^2\right)(\dot{\theta}_1 + \dot{\theta}_2) + m.a.l.\dot{\theta}_1.\cos\theta_2\right]\vec{z}$$

2/ O torso dinâmico do conjunto é (por definição) a soma dos torsores dinâmicos de cada elemento. Ensuite, como S1 é considerado sem massa (ou sua massa é considerada sem efeito dinâmico) seu torseur dinâmico é nulo.

Cálculo do resultado dinâmico de S2/S0. Por definição:

$$m.\vec{\Gamma}_{(G\in S2/S0)} = m.\left.\frac{d\vec{V}_{(G\in S2/S0)}}{dt}\right|_R$$

On voit qu'il faut dériver na base 0 dois vetores celulares. Na aplicação, a fórmula de derivação em uma base móvel. Em busca:

$$m.\vec{\Gamma}_{(G\in S2/S0)} = m.\left.\frac{d(l.\dot{\theta}_1.\vec{y_1} + a.(\dot{\theta}_1 + \dot{\theta}_2).\vec{y_2})}{dt}\right|_R$$

O cálculo da derivação feita:

$$m.\vec{\Gamma}_{(G\in S2/S0)} = m.\left[l.\ddot{\theta}_1.\vec{y_1} - l.\dot{\theta}_1^{\,2}.\vec{x_1} + a.(\ddot{\theta}_1 + \ddot{\theta}_2).\vec{y_2} - a.(\dot{\theta}_1 + \dot{\theta}_2)^2.\vec{x_2}\right]$$

Cálculo do momento dinâmico em G: duas soluções são possíveis:

no cálculo direto do momento dinâmico em A a partir da fórmula geral:

$$\overrightarrow{\delta_A}(S2/S0) = \left[\frac{d}{dt}\overrightarrow{\sigma_A}(S2/S0)\right]_0 + m.\vec{V}_{(A\in S2/S0)} \wedge \vec{V}_{(G\in S2/S0)}$$

calcule o momento dinâmico em G a partir do momento cinético em G e depois calcule en A par a fórmula de mudança de ponto

$$\overrightarrow{\delta_A}(S2/S0) = \overrightarrow{\delta_G}(S2/S0) + \overrightarrow{AG} \wedge m.\vec{\Gamma}_{(G\in S2/S0)}$$

O momento dinâmico em G é

$$\overrightarrow{\delta_G}(S2/S0) = \left[\frac{d}{dt}\overrightarrow{\sigma_G}(S2/S0)\right]_R = \left[\frac{d}{dt}\left(\frac{m.R^2}{2}(\dot{\theta}_1 + \dot{\theta}_2)\,\vec{z}\right)\right]_R = \frac{m.R^2}{2}(\ddot{\theta}_1 + \ddot{\theta}_2)\,\vec{z}$$

O cálculo do segundo termo da expressão do momento dinâmico é

$$\overrightarrow{AG} \wedge m.\vec{\Gamma}_{(G\in S2/S0)} = m.a.\vec{x_2} \wedge \left[l.\ddot{\theta}_1.\vec{y_1} - l.\dot{\theta}_1^{\,2}.\vec{x_1} + a.(\ddot{\theta}_1 + \ddot{\theta}_2).\vec{y_2} - a.(\dot{\theta}_1 + \dot{\theta}_2)^2.\vec{x_2}\right]$$

$$\overrightarrow{AG} \wedge m.\vec{\Gamma}_{(G\in S2/S0)}$$

$$= m.a.\overrightarrow{x_2} \wedge \left[l.\ddot{\theta}_1.\overrightarrow{y_1} - l.\dot{\theta}_1^{\ 2}.\overrightarrow{x_1}\right] + m.a.\overrightarrow{x_2}$$

$$\wedge \left[a.(\ddot{\theta}_1 + \ddot{\theta}_2).\overrightarrow{y_2} - a.(\dot{\theta}_1 + \dot{\theta}_2)^2.\overrightarrow{x_2}\right]$$

A projeção da $\overrightarrow{x_2}$base $(\overrightarrow{x_1}, \overrightarrow{y_1}, \vec{z})$

$\overrightarrow{AG} \wedge m.\vec{\Gamma}_{(G\in S2/S0)} = m.a.(\cos\theta_2.\overrightarrow{x_1} + \sin\theta_2.\overrightarrow{y_1}) \wedge \left[l.\ddot{\theta}_1.\overrightarrow{y_1} - l.\dot{\theta}_1^{\ 2}.\overrightarrow{x_1}\right] + m.a^2.(\ddot{\theta}_1 + \ddot{\theta}_2).\vec{z}$

O cálculo feminino:

$$\overrightarrow{AG} \wedge m.\vec{\Gamma}_{(G\in S2/S0)} = m.a.\left[\cos\theta_2.l.\ddot{\theta}_1. + \sin\theta_2.l.\dot{\theta}_1^{\ 2} + a.(\ddot{\theta}_1 + \ddot{\theta}_2)\right].\vec{z}$$

Finalmente, a expressão do momento dinâmico no ponto A est

$$\overrightarrow{\delta_A}(S2/S0) = \left(\frac{m.R^2}{2}(\ddot{\theta}_1 + \ddot{\theta}_2) + m.a.\left[\cos\theta_2.l.\ddot{\theta}_1. + \sin\theta_2.l.\dot{\theta}_1^{\ 2} + a.(\ddot{\theta}_1 + \ddot{\theta}_2)\right]\right).\vec{z}$$

CAPÍTULO 3: Princípio fundamental da dinâmica PFD

3. Princípio fundamental

3.1. Enoncé

O princípio fundamental da dinâmica (PFD) é uma vez que, se um sistema material (Σ) se move por relacionamento com um referência galileen **R** $_G$, alors le torseur dynamic de (Σ) égal au torseur des actions mécaniques extérieures.

Se você designar a parte externa de (Σ) por ($\overline{\Sigma}$) quando o PFD estiver escrito :

$$\{D_{\Sigma/Rg}\}_A = \{T_{\overline{\Sigma}->\Sigma}\}_A \quad \forall Um \qquad (0.1)$$

3.2. Teoremas genéricos da dinâmica

Considera um sistema material (Σ) de massa m e centro de massa G em movimento por relacionamento com um repère **Rg** , em pode ser escrito em um ponto A quelconque.

$$\{D_{\Sigma/Rg}\}_A = \{T_{\overline{\Sigma}->\Sigma}\}_A \qquad (0.2)$$

$$\begin{Bmatrix} m.\vec{\Gamma}_{G/R} \\ \vec{\delta}_{A\in\Sigma/R} \end{Bmatrix}_A = \begin{Bmatrix} \vec{R}_{(\overline{\Sigma}->\Sigma)} \\ \vec{M}_{(\overline{\Sigma}->\Sigma)} \end{Bmatrix}_A \qquad (0.3)$$

Este canal para a obtenção de duas equações vetoriais continua sob o nome dos teoremas gerais da dinâmica.

3.2.1. Teorema do resultado dinâmico

O resultado do Torseur de ações mecânicas externas de (Σ) é equivalente ao resultado do Torseur dinâmico de (Σ).

$$\vec{R}_{(\overline{\Sigma}->\Sigma)} = m.\vec{\Gamma}_{G/R} \qquad (0.4)$$

3.2.2. Teoria do momento dinâmico

O momento do torso de ações mecânicas externas em (Σ) em todo o ponto A é equivalente ao momento do torso dinâmico de (Σ)pris no mesmo ponto.

$$\forall UM\vec{M}_{(\overline{\Sigma}->\Sigma)} = \vec{\delta}_{A\in\Sigma/R} \qquad (0.5)$$

3.2.3. Teoria das ações mútuas

Consideramos um sistema material (Σ) composto por dois subsistemas (Σ_1) e (Σ_2). No aplicativo le PFD aux deux sous-système (Σ_1) e (Σ_2) de (Σ). Em busca:

$$\{D_{\Sigma_1/Rg}\}_A + \{D_{\Sigma_2/Rg}\}_A = \{D_{\Sigma/Rg}\}_A \qquad (0.6)$$

A propósito, aplique o PFD em cada subsistema.

$$\{D_{\Sigma_1/Rg}\}_A = \{T_{\overline{\Sigma_1}->\Sigma_1}\}_A = \{T_{\overline{\Sigma}->\Sigma_1}\}_A + \{T_{\Sigma_2->\Sigma_1}\}_A \quad (0.7)$$

$$\{D_{\Sigma_2/Rg}\}_A = \{T_{\overline{\Sigma_2}->\Sigma_2}\}_A = \{T_{\overline{\Sigma}->\Sigma_2}\}_A + \{T_{\Sigma_1->\Sigma_2}\}_A \quad (0.8)$$

Ao aplicar o PFD ao conjunto (Σ) no local encontrado:

$$\{D_{\Sigma/Rg}\}_A = \{T_{\overline{\Sigma}->\Sigma}\}_A = \{T_{\overline{\Sigma}->\Sigma_1}\}_A + \{T_{\overline{\Sigma}->\Sigma_2}\}_A \quad (0.9)$$

Adicionando estas duas equações (3.7) e (3.8) e usando a equação (3.9) em busca:

$$\{T_{\Sigma_1->\Sigma_2}\}_A = -\{T_{\Sigma_2->\Sigma_1}\}_A \quad (0.10)$$

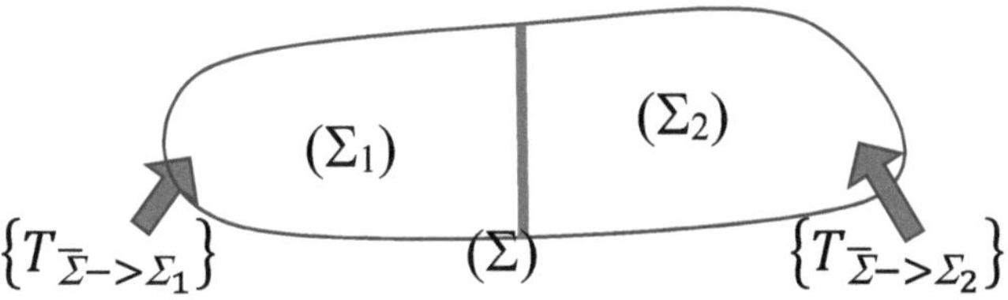

Figura 0. 1: subdivisão do sistema (Σ) em duas partes (Σ1) e (Σ2).

3.2.4. Caso particular da estática

Nos casos em que o torque dinâmico é nulo, o PFD é simplificado em princípio, fundamentalmente na estática. Este caso é apresentado nas seguintes condições:

- Ao negligenciar os efeitos de inércia no sistema material (Σ).
- Quando a massa do sistema material (Σ) é considerada nula, por exemplo, no caso de um recurso perfeito.
- Quando o sistema material (Σ) é substituído em tradução retiligne uniforme par rapport au repère galiléen **Rg** .

3.3. Expressão do PFD em um repère non galiléen

Considera **Rg** um repère galiléen et **R** como un repère en mouvement quelconque connu par rapport a **Rg** . Se você pegar um subconjunto de material (Σ_1) do sistema de material (Σ) em movimento por relacionamento com **R.**

Considera um sub-conjunto material (Σ_1) do sistema material (Σ) em movimento por relacionamento com um repère **R** , que está em movimento por relacionamento com um repère galiléen **Rg** . O PFD aplicado a ($\sum_1$) por relacionamento com **Rg** s'exprime :

$$\{D_{\Sigma_1/Rg}\}_A = \{T_{\overline{\Sigma_1}->\Sigma_1}\}_A \quad (0.11)$$

Os elementos de redução do torque dinâmico em um ponto A quelconque são:

$$\{D_{\Sigma_1/Rg}\}_A = \begin{Bmatrix} \int \vec{\Gamma}_{M/Rg}\,dm \\ \int \overrightarrow{AM} \wedge \vec{\Gamma}_{M/Rg}\,dm \end{Bmatrix}_A \quad (0.12)$$

Si **R** possui um movimento de arrastamento por relacionamento com **Rg** que conduz à loi de composição de acelerações. Utiliza a composição de vetores acelerados, no ponto M entre **R** e **Rg** , em busca :

$$\vec{\Gamma}(M/R_g) = \vec{\Gamma}(M/R) + \vec{\Gamma}(M \in R/R_g) + 2.\vec{\Omega}(R/R_g) \wedge \vec{V}(M/R) \qquad (0.13)$$

Na introdução da equação (3.13) em (3.12) na descoberta:

$$\{D_{\Sigma_1/Rg}\}_A = \begin{Bmatrix} \int [\vec{\Gamma}(M/R) + \vec{\Gamma}(M \in R/R_g) + 2.\vec{\Omega}(R/R_g) \wedge \vec{V}(M/R)]\, dm \\ \int \overrightarrow{AM} \wedge [\vec{\Gamma}(M/R) + \vec{\Gamma}(M \in R/R_g) + 2.\vec{\Omega}(R/R_g) \wedge \vec{V}(M/R)] dm \end{Bmatrix} \qquad (0.14)$$

Considerando a equação (3.14), o torso dinâmico $\{D_{\Sigma_1/Rg}\}_A$ pode ser decomposto em três torsores:

$$\{D_{\Sigma_1/Rg}\}_A = \{D_{\Sigma_1/R}\}_A - \{D_{ie(\Sigma_1,R/Rg)}\}_A - \{D_{ic(\Sigma_1,R/Rg)}\}_A \qquad (0.15)$$

- le torseur dynamique de (Σ_1) dans son mouvement par rapport à **R** :

$$\{D_{\Sigma_1/R}\}_A = \begin{Bmatrix} \int \vec{\Gamma}(M/R)\, dm \\ \int \overrightarrow{AM} \wedge \vec{\Gamma}(M/R) dm \end{Bmatrix} \qquad (0.16)$$

- le torseur des effets d'inertie d'entrainement sur (Σ_1) no seu movimento par rapport para **R** et **Rg** :

$$\{D_{ie(\Sigma_1,R/Rg)}\}_A = \begin{Bmatrix} -\int \vec{\Gamma}(M \in R/R_g)\, dm \\ -\int \overrightarrow{AM} \wedge \vec{\Gamma}(M \in R/R_g) dm \end{Bmatrix} \qquad (0.17)$$

- le torseur des effets d'inertie de Coriolis sur (Σ_1) em seu movimento por relacionamento com **R** et **Rg** :

$$\{D_{ic(\Sigma_1,R/Rg)}\}_A = \begin{Bmatrix} -\int 2.\vec{\Omega}(R/R_g) \wedge \vec{V}(M/R)\, dm \\ -\int \overrightarrow{AM} \wedge 2.\vec{\Omega}(R/R_g) \wedge \vec{V}(M/R) dm \end{Bmatrix} \qquad (0.18)$$

Calcule o valor da equação (3.15) do PFD escrito na representação **R** na forma seguinte:

$$\{D_{\Sigma_1/R}\}_A = \{D_{\Sigma_1/Rg}\}_A + \{D_{ie(\Sigma_1,R/Rg)}\}_A + \{D_{ic(\Sigma_1,R/Rg)}\}_A \qquad (0.19)$$

Então, o PFD é aplicado no que importa, em conjunto com o tortor de ações mecânicas externas, o tortor de efeitos de inércia de treinamento e o tortor de efeitos de inércia de Coriolis.

Se o movimento entre o repère **R** e o repère **Rg** for uma tradução retiligne uniforme, então $\vec{\Gamma}(M \in R/R_g) = \vec{0}$et $\vec{\Omega}(R/R_g) = \vec{0}$.

Par suite les deux torseurs des effets d'inertie d'entrainement et des effets d'inertie de Coriolis são nulos, e o PFD foi escrito no repère R :

$$\{D_{\Sigma_1/R}\}_A = \{T_{\overline{\Sigma_1}->\Sigma_1}\}_A \qquad (0.20)$$

Cela permitiu concluir que tout repère **R** em tradução retiligne uniforme par rapport a **Rg** est également galiléen.

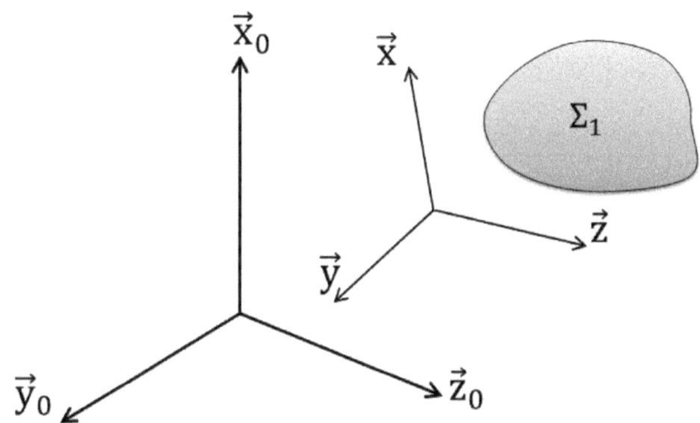

Figura 0. 2: PFD em um representante não galileno

4. Equilíbrio dinâmico:

Um dos desafios maiores na fabricação de peças girantes é o equilíbrio dinâmico automático de um machado. Isto permite prevenir o aparecimento de vibrações mecânicas, podendo danificar rapidamente os paliers (causando também uma fadiga prematura) ou simplesmente gerar a utilização do equipamento.

4.1. Modelização

On considera un bâti (S $_0$) auquel est associé le repère galiléen $R_0(O, \overrightarrow{x_0}, \overrightarrow{y_0}, \overrightarrow{z_0})$. Um sólido (S $_1$), entre uma massa **m** $_1$ e um centro de inércia G, é um pivô de ligação sem eixo ($O, \overrightarrow{z_0}$) com (S $_0$).

Então é $R(O, \vec{x}, \vec{y}, \overrightarrow{z_0})$uma representação como (S $_1$) escolhida, para simplificar os cálculos, dizendo que o plano $(O, \vec{x}, \overrightarrow{z_0})$contém o ponto G.

Em pose

$(\overrightarrow{x_0}, \vec{x}) = \theta e \overrightarrow{OG} = a.\vec{x} + c.\overrightarrow{z_0}$

O sólido(S_1) é tanto tempo, a matriz de inércia de (S_1) no ponto O, na base de R, é a forma:

$$[I_0(S_1)] = \begin{bmatrix} A & -F & -E \\ -F & B & -D \\ -E & -D & C \end{bmatrix}_{(\vec{x},\vec{y},\overrightarrow{z_0})} \quad (0.21)$$

A ação mecânica (inconnua) de (S_0) sobre (S_1) é modelada pelo torso $\{\tau_{(S_0 \to S_1)}\}$no ponto O :

$$\{\tau_{(S_0 \to S_1)}\}_O = \begin{Bmatrix} \vec{R} \\ \overrightarrow{M_O} \end{Bmatrix} \quad (0.22)$$

Posons:

$$\begin{cases} \vec{R} = X.\vec{x} + Y.\vec{y} + Z.\overrightarrow{z_0} \\ \overrightarrow{M_O} = L.\vec{x} + M.\vec{y} \end{cases} \quad (0.23)$$

Então $\{\tau_{(E \to S_1)}\}_O$a ação mecânica é exercida por um conjunto de material (E) em (S_1) no ponto O :

$$\{\tau_{(E \to S_1)}\}_O = \begin{Bmatrix} \overrightarrow{R_1} \\ \overrightarrow{M_{1_O}} \end{Bmatrix} \quad (0.24)$$

Posons:

$$\begin{cases} \overrightarrow{R_1} = X_1.\vec{x} + Y_1.\vec{y} + Z_1.\overrightarrow{z_0} \\ \overrightarrow{M_{1_O}} = L_1.\vec{x} + M_1.\vec{y} + N_1.\overrightarrow{z_0} \end{cases} \quad (0.25)$$

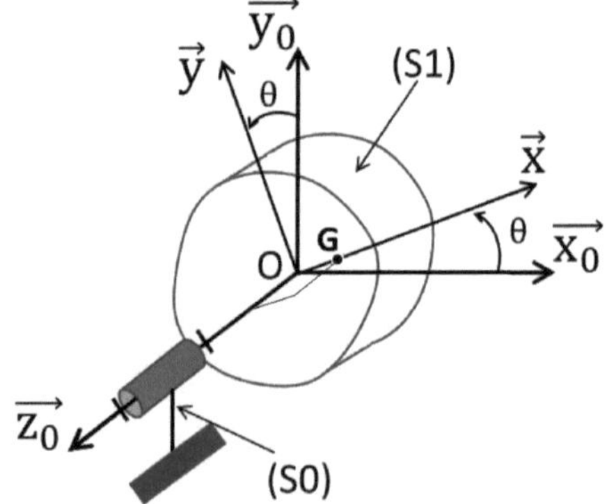

Figura 0. 3: modelação de parâmetros de um sólido em rotação automática de $(O, \vec{Z})$

4.2. Ações mecânicas

A aplicação do PFD em (S_1) em movimento por relação a R_0 permite determinar o torso de ação mecânica exercido por (S_0) em (S_1).

$$\{D_{S_1/R_0}\}_O = \{T_{\overline{S_1} -> S_1}\}_O \quad (0.26)$$

Sachant que ($\bar{S_1}$) é constituído por (S $_0$) e (E), esta égalité s'écrit :

$$\{D_{S_1/R_0}\}_O = \{T_{S_0->S_1}\}_O + \{T_{E->S_1}\}_O \qquad (0.27)$$

A expressão de ces torseurs au point O donne :

$$\begin{Bmatrix} m_1.\vec{\Gamma}_{G/R_0} \\ \overrightarrow{\delta_O}(S_1/R_0) \end{Bmatrix} = \begin{Bmatrix} \vec{R} \\ \overrightarrow{M_O} \end{Bmatrix} + \begin{Bmatrix} \overrightarrow{R_1} \\ \overrightarrow{M_{1O}} \end{Bmatrix} \qquad (0.28)$$

A equação das duas equações vetoriais:

$$\begin{cases} m_1.\vec{\Gamma}_{G/R_0} = \vec{R} + \overrightarrow{R_1} \\ \overrightarrow{\delta_O}(S_1/R_0) = \overrightarrow{M_O} + \overrightarrow{M_{1O}} \end{cases} \qquad (0.29)$$

A aceleração do vetor $\vec{\Gamma}_{G/R_0}$foi obtida por:

$$\vec{\Gamma}_{G/R_0} = \left[\frac{d}{dt}\vec{V}_{G/R_0}\right]_{R_0} \qquad (0.30)$$

Com

$$\vec{V}_{G/R_0} = a.\dot{\theta}.\vec{y} \qquad (0.31)$$

Então

$$\vec{\Gamma}_{G/R_0} = a.\ddot{\theta}.\vec{y} - a.\dot{\theta}^2.\overrightarrow{z_0} \qquad (0.32)$$

O ponto O é fixo em R0, o momento dinâmico $\overrightarrow{\delta_O}(S_1/R_0)$é calculado a partir do momento cinético $\overrightarrow{\sigma_O}(S_1/R_0)$pela relação:

$$\overrightarrow{\delta_O}(S_1/R_0) = \left[\frac{d}{dt}\overrightarrow{\sigma_O}(S_1/R_0)\right]_{R_0} \qquad (0.33)$$

O momento cinético $\overrightarrow{\sigma_O}(S_1/R_0)$é expresso em função do operador de inércia pela relação:

$$\overrightarrow{\sigma_O}(S_1/R_0) = J_O(S_1)\left(\vec{\Omega}(S_1/R_0)\right) \qquad (0.34)$$

Com$\vec{\Omega}(S_1/R_0) = \dot{\theta}.\overrightarrow{z_0}$

O que corresponde à multiplicação matricielle suivante:

$$[\overrightarrow{\sigma_O}(S_1/R_0)] = \begin{bmatrix} A & -F & -E \\ -F & B & -D \\ -E & -D & C \end{bmatrix}.\begin{bmatrix} 0 \\ 0 \\ \dot{\theta} \end{bmatrix}_{(\vec{x},\vec{y},\overrightarrow{z_0})} \qquad (0.35)$$

D'où

$$\overrightarrow{\sigma_O}(S_1/R_0) = -E.\dot{\theta}.\vec{x} - D.\dot{\theta}.\vec{y} + C.\dot{\theta}.\overrightarrow{z_0} \qquad (0.36)$$

Para calcular o momento dinâmico $\overrightarrow{\delta_O}(S_1/R_0)$, a partir da relação (3.33), utiliza a base de derivação do repère R.

$$\overrightarrow{\delta_O}(S_1/R_0) = \left[\frac{d}{dt}\overrightarrow{\sigma_O}(S_1/R_0)\right]_R + \vec{\Omega}(R/R_0) \wedge \overrightarrow{\sigma_O}(S_1/R_0) \qquad (0.37)$$

Então, com a expressão da $\overrightarrow{\sigma_O}(S_1/R_0)$relação (3.36):

$$\overrightarrow{\delta_O}(S_1/R_0) = -E.\ddot{\theta}.\vec{x} - D.\ddot{\theta}.\vec{y} + C.\ddot{\theta}.\overrightarrow{z_0} + \dot{\theta}.\overrightarrow{z_0} \wedge \left(-E.\dot{\theta}.\vec{x} - D.\dot{\theta}.\vec{y} + C.\dot{\theta}.\overrightarrow{z_0}\right) \qquad (0.38)$$

Soit

$$\overrightarrow{\delta_O}(S_1/R_0) = \left(-E.\ddot{\theta} + D.\dot{\theta}^2\right).\vec{x} - \left(D.\ddot{\theta} + E.\dot{\theta}^2\right).\vec{y} + C.\ddot{\theta}.\overrightarrow{z_0} \quad (0.39)$$

A equação vetorial (3.29) derivada do PFD, escrita em projeção na base de R :

$$\begin{cases} \vec{x} & : \quad -m_1.a.\dot{\theta}^2 = X + X_1 \\ \vec{y} & : \quad -m_1.a.\ddot{\theta} = Y + Y_1 \\ \overrightarrow{z_0} & : \quad 0 = Z + Z_1 \end{cases} \quad (0.40)$$

$$\begin{cases} \vec{x} & : \quad -E.\ddot{\theta} + D.\dot{\theta}^2 = L + L_1 \\ \vec{y} & : \quad D.\ddot{\theta} + E.\dot{\theta}^2 = M + M_1 \\ \overrightarrow{z_0} & : \quad C.\ddot{\theta} = N_1 \end{cases} \quad (0.41)$$

A partir de equações em pode ser facilmente expresso X, Y, Z, L e M

4.3. Condições de equilíbrio dinâmico

Para minimizar as vibrações, é necessário realizar a ação mecânica da ligação entre (S_1) e (S_0) independente do movimento de (S_1) em relação a (S_0), isso é certo para $\dot{\theta}$et $\ddot{\theta}$.

De acordo com as equações (3.40) e (3.41) as condições de equilíbrio dinâmico são as seguintes:

- ✓ $a = 0$: le center d'inertie G está no eixo de rotação $(O, \overrightarrow{z_0})$(equilíbrio estático)
- ✓ $D = 0$ et $E = 0$ O eixo de rotação $(O, \overrightarrow{z_0})$é um eixo principal de inércia para (S_1).

4.4. Realização prática do equilíbrio dinâmico

(S_1) é substituído por um sólido (S') composto de (S_1) e dois sólidos (S_2) e (S_3), considerados como pontos materiais, de maneira que o sólido (S') fique assim em equilíbrio dinâmico.

Coloque minha massa sólida (Si) (i=2 e 3) em um ponto Mi (xi, yi, zi) do repère R.

Avec D' e E' os produtos de inércia de (S') par rapport aux eixos du repère R et G' o centro de inércia de (S').

(S') está em equilíbrio dinâmico se G' estiver no eixo $(O, \overrightarrow{z_0})$e se D'=0 e E'=0.

Traduções dessas condições:

A posição do centro de inércia G' é dada pela relação:

$$\overrightarrow{OG'} = \frac{m_1.\overrightarrow{OG} + m_2.\overrightarrow{OM_2} + m_3.\overrightarrow{OM_3}}{m_1 + m_2 + m_3} \quad (0.42)$$

Se G' está no eixo $(O, \overrightarrow{z_0})$esta equação escrita em projeção em R :

$$\begin{cases} \vec{x} & : \quad m.a + m_2.x_2 + m_3.x_3 = 0 \quad \text{(a)} \\ \vec{y} & : \quad m_2.y_2 + m_3.y_3 = 0 \quad \text{(b)} \end{cases} \quad (0.43)$$

Os dois produtos de inércia D' e E' são para valores:

$$\begin{cases} \vec{x} & : \quad D' = D + m_2.y_2.z_2 + m_3.y_3.z_3 \\ \vec{y} & : \quad E' = D + m_2.x_2.z_2 + m_3.x_3.z_3 \end{cases} \quad (0.44)$$

Si D' et E' são nulos ao obter as duas relações seguintes:

$$\begin{cases} \vec{x} : D + m_2.y_2.z_2 + m_3.y_3.z_3 = 0 & (a) \\ \vec{y} : D + m_2.x_2.z_2 + m_3.x_3.z_3 = 0 & (b) \end{cases} \quad (0.45)$$

Disponha de quatro equações (3.43) e (3.45) para determinar a quantidade inconstante xi, yi, zi et mi(i=2 e 3). O problema tem uma infinidade de soluções, portanto é necessário consertar quatro condições para o resultado. Nos casos de equilíbrio dinâmico de uma rota de veículo, essas condições são geralmente relacionadas à fixação de massas (massas de equilíbrio) na borda da jante, em cada ponto da rota.

Exemplo: cas d'une roue

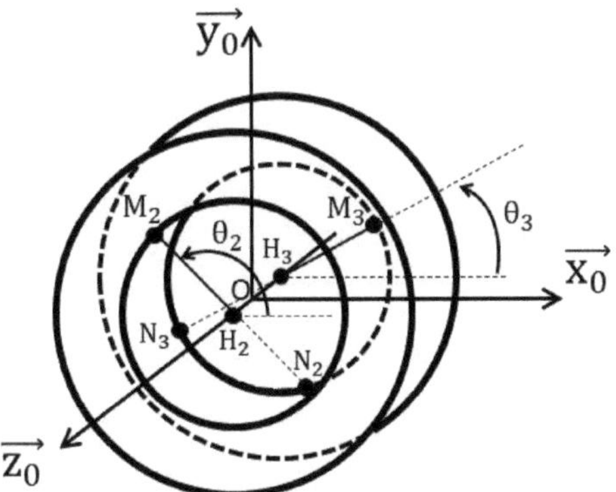

Figura 0. 4: modelização de uma rota de veículo

Notons Hi la projeção ortogonal do ponto Mi sur l'axe $(O, \overrightarrow{z_0})$, et posons :

$$\begin{cases} \theta_i = (\vec{x}, \overrightarrow{H_iM_i}) \\ r_i = \|\overrightarrow{H_iM_i}\| \end{cases} \quad (0.46)$$

Substitua as coordenadas cartográficas xi, yi, zido ponto Mi pelas coordenadas cilíndricas $ri, \theta i, zi$. As quatro condições impostas são os valores dos parâmetros z_2, z_3 , r_2 , r_3($r_2 = r_3$) e as quatro condições desconhecidas são $m_1, m_2, \theta_2, \theta_3$. Não sei se ele foi determinado com as quatro equações anteriores.

Eliminando $m_3.x_3$entre as equações (3.43-a) e (3.45-b) para obter a relação:

$$m_2.x_2.(z_3 - z_2) = E - m_1.a.z_3 \quad (0.47)$$

Eliminando $m_3.y_3$entre as equações (3.43-b) e (3.45-a) para obter a relação:

$$m_2.y_2.(z_3 - z_2) = D \quad (0.48)$$

Ou $x_2 = r_2.\cos\theta_2$et $y_2 = r_2.\sin\theta_2$

Em substituição x_2e $y_2$por suas expressões:

$$m_2.r_2.\cos\theta_2.(z_3 - z_2) = E - m_1.a.z_3 \quad (0.49)$$

$$m_2.r_2.\sin\theta_2.(z_3 - z_2) = D \quad (0.50)$$

O produto de duas equações feitas:

$(E - m_1.a.z_3).\sin\theta_2 = D.\cos\theta_2$

Si$D \neq 0$

$$cotg\theta_2 = \frac{E - m_1.a.z_3}{D}$$

D'où θ_2, módulo π. O valor exato θ_2é fixado com uma das duas equações.

Conhecedor $\theta_2$do trouve imediato m_2. Puis en déterminant $\theta_3$et $m_3$par les equações (3.43) et (3.45)

5. Equações de movimento (déduites du PFD)

A posição de um sistema material em **R** G depende de n parâmetros q i (t). As seis equações resultantes do PFD são decompostas em três equações escalares da forma $f(q_i(t), \dot{q}_i(t), \ddot{q}_i(t)) = 0$.

Para simplificar a expressão analítica das equações escalares, é importante escolher com tal representação que o ponto onde você calcule o resultado e o momento dinâmico.

Essas equações escalares são, em geral, equações diferentes de segunda ordem. Todos os conteúdos:

- Dados geométricos do sistema
- As características da inércia
- Os compostos de ações mecânicas (connus ou inconnus)

Equação de um tigre

Considera um tige homogêneo de comprimento l, d'épaisseur insignificante e de massa em ligação com o pivô do eixo (O, $\vec{z}$) com o bati et continua no plano (O, $\vec{x}$, $\vec{y}$) (figura 3.5). Determinar a equação de movimento do centro de massa G.

$$\{D_{T/R}\}_0 = \begin{Bmatrix} -\frac{m.l}{2}\dot{\alpha}^2\cos\alpha - \frac{m.l}{2}\ddot{\alpha}\sin\alpha & 0 \\ -\frac{m.l}{2}\dot{\alpha}^2\sin\alpha + \frac{m.l}{2}\ddot{\alpha}\cos\alpha & 0 \\ 0 & \frac{m.l^2}{3}\ddot{\alpha} \end{Bmatrix} \quad (0.51)$$

$$\{T_{\text{pesanteur}\to T}\}_0 = \begin{Bmatrix} mg & 0 \\ 0 & 0 \\ 0 & -\frac{l.m.g}{2}\sin\alpha \end{Bmatrix} \quad (0.52)$$

$$\{T_{\text{bati}\to T}\}_0 = \begin{Bmatrix} X & L \\ Y & M \\ Z & 0 \end{Bmatrix}: \quad (0.53)$$

Aplicação do PDF com seis equações escalares:

$$\{D_{T/R}\}_A = \{T_{\bar{T}->T}\}_A \qquad (0.54)$$

Onde encontrar:

$$\frac{m.l^2}{3}\ddot{\alpha} = -\frac{l.m.g}{2}\sin\alpha \qquad (0.55)$$

A equação de movimento é:

$$\ddot{\alpha} + \frac{3.g}{2.l}\sin\alpha = 0 \qquad (0.56)$$

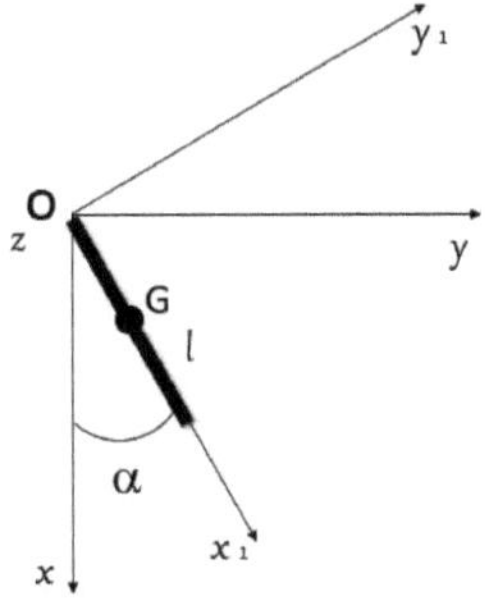

Figura 0. 5: Pêndulo simples

CAPÍTULO 4: Energético

4. Poder

4.1. Poder desenvolvido por uma ação mecânica sobre um sistema material

Soit deux système materiel (Σ_1) e (Σ_2), em movimento por relacionamento com um repère R supõe que (Σ_1) exerce sobre (Σ_2) uma densidade de massa de força $\vec{f}(M)$.

Enquanto o poder se desenvolveu à data pela ação mecânica de (Σ_1) sobre (Σ_2) no movimento de (Σ_2) por relacionamento com Rest:

$$P_{(\Sigma1\rightarrow\Sigma2/R)} = \int_{M\in\Sigma2} \vec{f}(M).\vec{V}_{M/R}\, dm \qquad (0.1)$$

Observação:

Se a ação mecânica de (Σ1) sobre (Σ2) for forçada $\vec{F}_M(\Sigma_1 \rightarrow \Sigma_2)$a isso:

$$P_{(\Sigma1\rightarrow\Sigma2/R)} = \vec{F}_{M\,(\Sigma1\rightarrow\Sigma2)}.\vec{V}_{M\in\Sigma2/R} \qquad (0.2)$$

A unidade de potência é o Watt (Nms^{-1})

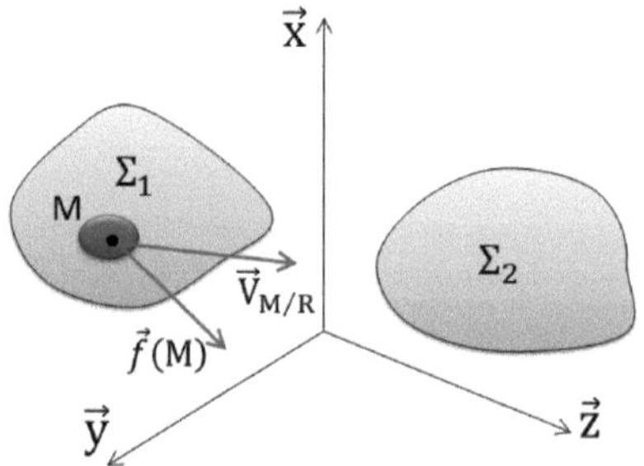

Figura 0. 1: modelação da ação mecânica de (Σ1) em (Σ2)

4.2. Puissance desenvolvido por uma ação mecânica sobre uma solidez

Considere que (Σ_2) é um sólido (S). On pode definir $\{V_{S/R}\}$o que é o torso cinematográfico definido em um ponto A de (S).

$$\{V_{S/R}\} = \begin{Bmatrix} \vec{\Omega}_{S/R} \\ \vec{V}_{A\in S/R} \end{Bmatrix}_A \qquad (0.3)$$

Então o vetor vitesse de um ponto M quelconque de (S) é expresso em função da $\vec{V}_{A\in S/R}$relação:

$$\vec{V}_{M\in S/R} = \vec{V}_{A\in S/R} + \vec{\Omega}_{S/R} \wedge \overrightarrow{AM} \qquad (0.4)$$

Substitui esse vetor na expressão da força desenvolvida pela ação mecânica de (Σ_2) em (S), no movimento de (S) por relacionamento com R :

$$P_{(\Sigma_1\rightarrow\Sigma_2/R)} = \int_{M\in\Sigma_2} \vec{f}(M).\vec{V}_{M/R}\, dm \qquad (0.5)$$

$$P_{(\Sigma_1 \to \Sigma_2/R)} = \int_{M\in\Sigma_2} \vec{f}(M).\vec{V}_{A \in S/R}\, dm + \int_{M\in\Sigma_2} \vec{f}(M).\left(\overrightarrow{MA} \wedge \vec{\Omega}_{S/R}\right) dm \qquad (0.6)$$

$$P_{(\Sigma_1 \to \Sigma_2/R)} = \vec{V}_{A \in S/R}.\int_{M\in\Sigma_2} \vec{f}(M)dm + \vec{\Omega}_{S/R}.\int_{M\in\Sigma_2} \overrightarrow{AM} \wedge \vec{f}(M).dm \qquad (0.7)$$

Se $\{T_{\Sigma_1 -> S}\}$você é o torturador das ações mecânicas de Σ_1 em Σ_2

$$\{T_{\Sigma_1 -> S}\} = \begin{Bmatrix} \vec{R} \\ \overrightarrow{M_A} \end{Bmatrix} \qquad (0.8)$$

D'où la puissance développée par l'action mécanique de $\Sigma_1 ->$ Sdans le mouvement de (S) par rapport to Rest donnée par :

$$P_{(\Sigma_1 \to S/R)} = \{T_{\Sigma_1 -> S}\} \otimes \{V_{S/R}\} \qquad (0.9)$$

Aplicativo :

Considera-se que um veículo com quatro rotas se desloca em linha reta sobre uma rota modelada de acordo com o plano $(O\,\vec{y},\vec{z})$. Soit R um repère lié à la route (S_0). Supõe-se que a rota traseira motrice (S), do centro A, do rayon a et d'épaisseur insignificante, role sans glisser au point I sur l'axe $(O\,\vec{y})$. (S) para um pivô de ligação suposto parfaite d'axe $(A,\vec{z})$com o chassi (S_1). A árvore de transmissão (S_2) entra em rotação (S) e não é transmitida por um par de momento $C\vec{z}$.

Considere os seguintes torturadores cinematográficos, expressos na base R:

$$\{\upsilon(S_1/S_0)\} = \begin{Bmatrix} 0 & 0 \\ 0 & v \\ 0 & 0 \end{Bmatrix}_A \text{ e } \{\upsilon(S/S_1)\} = \begin{Bmatrix} 0 & 0 \\ 0 & 0 \\ \omega & 0 \end{Bmatrix}_A$$

Então os torturadores de ações mecânicas:

$$\{T_{S_0 -> S}\}_I = \begin{Bmatrix} N & 0 \\ T & 0 \\ 0 & 0 \end{Bmatrix}_I ; \{T_{S -> S_1}\}_A = \begin{Bmatrix} X & L \\ Y & M \\ Z & 0 \end{Bmatrix}_A ; \{T_{S_2 -> S}\}_A = \begin{Bmatrix} 0 & 0 \\ 0 & 0 \\ 0 & C \end{Bmatrix}_A$$

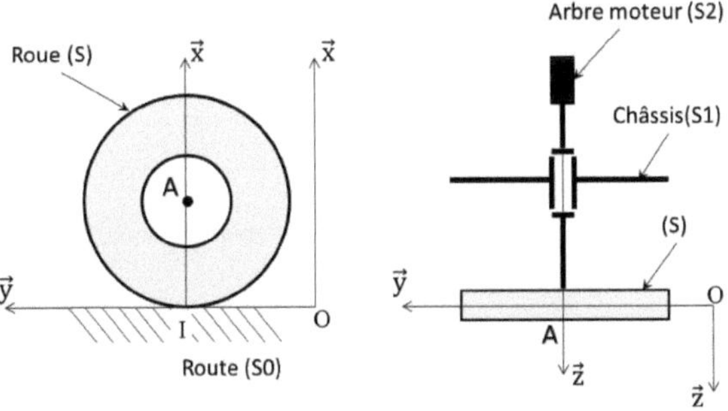

Figura 0. 2: exemplo de Puissance desenvolvido pela ação de uma rota na rota

Pergunta :

Determine o poder desenvolvido pela ação mecânica de

1- (S2) sobre (S) no movimento de (S) para relacionamento com (S1)
2- (S0) sobre (S) no movimento de (S) para relacionamento com (S0)
3- (S0) sobre (S) no movimento de (S) para relacionamento com (S1)
4- (S) sobre (S1) no movimento de (S1) para relacionamento com (S0)
5- (S) sobre (S1) no movimento de (S1) para relacionamento com (S)

Resposta:

Esses diferentes poderes são calculados pelos produtos dos torseurs seguintes, e prenant soin de bien les exprimer au meme point :

1- $P_{(S_2 \to S\,/S_1)} = \{T_{S_2->S}\} \otimes \{V_{S/S_1}\}$ ➔ $P_{(S_2 \to S\,/S_1)} = \begin{Bmatrix} 0 & 0 \\ 0 & 0 \\ 0 & C \end{Bmatrix}_A \otimes \begin{Bmatrix} 0 & 0 \\ 0 & 0 \\ \omega & 0 \end{Bmatrix}_A = C.\omega$

2- $P_{(S_0 \to S\,/S_0)} = \{T_{S_0->S}\} \otimes \{V_{S/S_0}\} = \vec{R}(S_0 \to S).\vec{V}_{I \in S\,/S_0}$

Comme (S) roule sans glisser sur (S0), $\vec{V}_{I \in S\,/S_0}$est nul, et :$P_{(S_0 \to S\,/S_0)} = 0$

3- $P_{(S_0 \to S\,/S_1)} = \{T_{S_0->S}\} \otimes \{V_{S/S_1}\}$ ➔ $P_{(S_0 \to S\,/S_1)} = \begin{Bmatrix} N & 0 \\ T & 0 \\ 0 & 0 \end{Bmatrix}_I \otimes \begin{Bmatrix} 0 & 0 \\ 0 & -a.\omega \\ \omega & 0 \end{Bmatrix}_I =$

$-a.\omega.T$

4- $P_{(S \to S_1\,/S_0)} = \{T_{S->S_1}\} \otimes \{V_{S_1/S_0}\}$ ➔ $P_{(S \to S_1\,/S_0)} = \begin{Bmatrix} X & L \\ Y & M \\ Z & 0 \end{Bmatrix}_A \otimes \begin{Bmatrix} 0 & 0 \\ 0 & v \\ 0 & 0 \end{Bmatrix}_A = M.v$

5- $P_{(S \to S_1\,/S)} = \{T_{S->S_1}\} \otimes \{V_{S_1/S}\}$ ➔ $P_{(S \to S_1\,/S)} = \begin{Bmatrix} X & L \\ Y & M \\ Z & 0 \end{Bmatrix}_A \otimes \begin{Bmatrix} 0 & 0 \\ 0 & 0 \\ -\omega & 0 \end{Bmatrix}_A = 0$

4.3. Puissance des actions mutuelles entre dois sólidos

Soient deux solides, S_1 e S_2, en mouvement relatif l'un par rapport to l'autre et les deux sont en mouvement par rapport a un repère R. Dans ce cas, S_1 et S_2 sont soumis à des actions mécaniques definido por um torturador de ligações. Ao considerar a definição do poder das ações mecânicas, você pode escrever para S_2 :

$$P_{(S_2 \to S_1\,/R)} = \{T_{S_2 \to S_1}\} \otimes \{V_{S_1/R}\} \qquad (0.10)$$

Se você considerar a composição dos torturadores cinematográficos, poderá ser escrito para S_1 :

$$P_{(S_1 \to S_2\,/R)} = \{T_{S_1 \to S_2}\} \otimes \{V_{S_2/R}\} = \{T_{S_1 \to S_2}\} \otimes (\{V_{S_2/S_1}\} + \{V_{S_1/R}\}) \qquad (0.11)$$

Se nós adicionarmos as duas relações anteriores (4.10 e 4.11) terme à terme, nous obtenons :

$$P_{(S_1 \to S_2\,/R)} + P_{(S_2 \to S_1\,/R)} = \{T_{S_1 \to S_2}\} \otimes \{V_{S_2/S_1}\} \qquad (0.12)$$

$$P_{(S_1 \to S_2\,/R)} + P_{(S_2 \to S_1\,/R)} = P_{(S_1 \leftrightarrow S_2\,/R)} \qquad (0.13)$$

$P_{(S_1 \leftrightarrow S_2/R)}$é o poder desenvolvido pelas ações mútuas entre (S 1) e (S 2), e ela é independente da repetição.

Demonstração:

$$P_{(S_1\to S_2/R)} - P_{(S_1\to S_2/R_1)} = \{T_{S_1\to S_2}\} \otimes \{V_{S_2/R}\} - \{T_{S_1\to S_2}\} \otimes \{V_{S_2/R_1}\} \qquad (0.14)$$

$$P_{(S_1\to S_2/R)} - P_{(S_1\to S_2/R_1)} = \{T_{S_1\to S_2}\} \otimes \{V_{R_1/R}\} \qquad (0.15)$$

$$P_{(S_2\to S_1/R)} - P_{(S_2\to S_1/R_1)} = \{T_{S_2\to S_1}\} \otimes \{V_{S_1/R}\} - \{T_{S_2\to S_1}\} \otimes \{V_{S_1/R_1}\} \qquad (0.16)$$

$$P_{(S_2\to S_1/R)} - P_{(S_2\to S_1/R_1)} = \{T_{S_2\to S_1}\} \otimes \{V_{R_1/R}\} \qquad (0.17)$$

A soma das duas relações (4.15) e (4.17) feitas:

$$P_{(S_1\Leftrightarrow S_2/R)} - P_{(S_2\Leftrightarrow S_1/R_1)} = (\{T_{S_1\to S_2}\} + \{T_{S_2\to S_1}\}) \otimes \{V_{R_1/R}\} \qquad (0.18)$$

Após o teorema das ações mútuas, o segundo membro de (4.18) é nulo. Por suíte:

$$P_{(S_1\Leftrightarrow S_2/R)} = P_{(S_2\Leftrightarrow S_1/R_1)} \qquad (0.19)$$

Isso prova que o poder desenvolvido pelas ações mútuas entre (S 1) e (S 2) é independente você escolhe a repetição para o cálculo. Por conseguinte, este poder será simplesmente notado:

P(S1 ←→S2) (0. 20)

5. Trabalho de parto

5.1. Definição

O trabalho da ação mecânica exercida pelo conjunto material (S 1) sobre o conjunto material (S 2), pendente do deslocamento de (S 2) pelo relacionamento com o representante **R** , entre os instantes t 1 e t 2 , é de:

$$W_{t_1}^{t_2}(S_1 \to S_2/R) = \int_{t_1}^{t_2} P(S_1 \to S_2/R)\,dt$$

Por suíte, o trabalho elementar entre as datas te $t + dt$isso é:

$$dW(S_1 \to S_2/R) = P(S_1 \to S_2/R).dt$$

5.2. Unidades

- A unidade de trabalho é o joule.
- A unidade de potência é o watt.

6. Energia cinematográfica:

6.1. Definição

A energia cinética de um sistema (S) em movimento por relação a um repère fixo R é definida pela escala:

$$E_C = \frac{1}{2}.\int \left[\vec{V}_{M \in S/R_g}\right]^2 .dm \quad (0.21)$$

Então (S) um sistema material de centro de gravidade G et de massa m em movimento por relacionamento com um repère Rg, on peut écrire em um ponto A quelconque.

$$\{D_{S/Rg}\}_A = \{T_{\bar{S}->S}\}_A \quad (0.22)$$

Multiplique os dois membros desta relação pelo torso cinematográfico de (S) pelo relacionamento com Rg:

$$\{D_{S/Rg}\}_A.\{\nu_{S/Rg}\}_A = \{T_{\bar{S}->S}\}_A.\{\nu_{S/Rg}\}_A \quad (0.23)$$

Você $\{T_{\bar{S}->S}\}_A.\{\nu_{S/Rg}\}_A$representa o poder das ações mecânicas externas para (S) exercidas sobre (S) em seu movimento de relacionamento com Rg

Em obtiente:

$$\begin{Bmatrix} \int \vec{\Gamma}_{M/R_g}\,dm \\ \int \overrightarrow{AM} \wedge \vec{\Gamma}_{M/R_g}dm \end{Bmatrix}_A . \begin{Bmatrix} \vec{\Omega}_{S/R_g} \\ \vec{v}_{A\in S/R_g} \end{Bmatrix}_A = \begin{Bmatrix} \vec{R}_{(\bar{S}->S)} \\ \vec{M}_{(\bar{S}->S)} \end{Bmatrix}_A . \begin{Bmatrix} \vec{\Omega}_{S/R_g} \\ \vec{v}_{A\in S/R_g} \end{Bmatrix}_A = P(\bar{S} \to S/R_g) \quad (0.24)$$

$$P(\bar{S} \to S/R_g) = \vec{v}_{A\in S/R_g}.\int \vec{\Gamma}_{M/R_g}\,dm + \vec{\Omega}_{S/R_g}.\int \overrightarrow{AM} \wedge \vec{\Gamma}_{M/R_g}dm \quad (0.25)$$

O vetor vitesse de um ponto M de (S) é expresso em função da $\vec{V}_{A \in S/R}$relação:

$$\vec{V}_{M \in S/R_g} = \vec{V}_{A \in S/R_g} + \vec{\Omega}_{S/R_g} \wedge \overrightarrow{AM} \quad (0.26)$$

Então

$$\vec{v}_{A\in S/R_g}.\int \vec{\Gamma}_{M/R}\,dm = \int \vec{\Gamma}_{M/R_g}.\vec{V}_{M \in S/R_g}\,dm - \int \vec{\Gamma}_{M/R_g}.(\vec{\Omega}_{S/R_g} \wedge \overrightarrow{AM})\,dm \quad (0.27)$$

Por quê:

$$P(\bar{S} \to S/R_g) = \vec{\Gamma}_{M/R}.\vec{V}_{M \in S/R_g} = \frac{d}{dt}\left[\vec{V}_{M \in S/R_g}\right].\vec{V}_{M \in S/R_g} = \frac{1}{2}.\frac{d}{dt}\left[\vec{V}_{M \in S/R_g}\right]^2 \quad (0.28)$$

Pode ser escrito assim:

$$\int \vec{\Gamma}_{M/R}.\vec{V}_{M \in S/R_g}.dm = \frac{d}{dt}\left(\frac{1}{2}.\int \left[\vec{V}_{M \in S/R_g}\right]^2 .dm\right) \quad (0.29)$$

O que aparece na energia cinética de (S) em seu movimento por relacionamento com Rg:

$$E_C = \frac{1}{2}.\int \left[\vec{V}_{M \in S/R_g}\right]^2 .dm \quad (0.30)$$

Em conjunto, o teorema da energia cinética é escrito para um sólido (S):

$$P(\overline{S} \to S\,/R_g) = \frac{d}{dt}E_C(S\,/R_g) \qquad (0.31)$$

A energia cinética é uma SCALAIRE, unida (Ws)

6.2. Energias cinéticas de translação e rotação

Coloque (R_0) um repère fixo e (R_S) um repère móvel lié au solide (S). Considere o ponto G que representa o centro de massa de (S) e M um ponto adjacente a (S). Nesse caso, on peut écrire :

$$\vec{V}_{M\in S/R} = \vec{V}_{G\in S/R} + \overrightarrow{MG} \wedge \vec{\Omega}_{S/R} \qquad (0.32)$$

D'où

$$\left(\vec{V}_{M\in S/R}\right)^2 = \left(\vec{V}_{G\in S/R}\right)^2 + \left(\overrightarrow{MG} \wedge \vec{\Omega}_{S/R}\right)^2 + 2.\vec{V}_{G\in S/R}.\overrightarrow{MG} \wedge \vec{\Omega}_{S/R} \qquad (0.33)$$

Após a propriedade dos produtos mistos : ($(\vec{A} \wedge \vec{B}).\vec{C} = \vec{A}.(\vec{B} \wedge \vec{C}) = \vec{B}.(\vec{C} \wedge \vec{A})$)obtient :

$$\left(\vec{V}_{M\in S/R}\right)^2 = \left(\vec{V}_{G\in S/R}\right)^2 + 2.\vec{V}_{G\in S/R}.\overrightarrow{PG} \wedge \vec{\Omega}_{S/R} + \vec{\Omega}_{S/R}.\left(\left(\overrightarrow{MG} \wedge \vec{\Omega}_{S/R}\right) \wedge \overrightarrow{MG}\right) \qquad (0.34)$$

Usando as propriedades de associação vetorial e a invariância de $\vec{\Omega}_{S/R}$e $\vec{V}_{G\in S/R}$por relacionamento com o elemento de integração dm, você pode escrever

$$E\left(\frac{S}{R}\right) = \frac{1}{2}\int\left(\vec{V}_{M/R}\right)^2 dm = \frac{1}{2}\left(\vec{V}_{G\in S/R}\right)^2\int dm + 2.\vec{V}_{G\in S/R}.\vec{\Omega}_{S/R} \wedge \int \overrightarrow{GM}.dm + \vec{\Omega}_{S/R}.\int\left(\overrightarrow{MG} \wedge \vec{\Omega}_{S/R}\right) \wedge \overrightarrow{MG}\,dm \qquad (0.35)$$

Em um plus:

$\int dm = M$e$\int \overrightarrow{GM}.dm = \vec{0}$

$$\int\left(\overrightarrow{MG} \wedge \vec{\Omega}_{S/R}\right) \wedge \overrightarrow{MG}\,dm = \int \overrightarrow{GM} \wedge \left(\vec{\Omega}_{S/R} \wedge \overrightarrow{GM}\right)dm = [I_G(s)].\vec{\Omega}_{S/R} \qquad (0.36)$$

D'où, em definitivo:

$$E(S/R) = \frac{1}{2}M.\vec{V}_{G\in S/R}{}^2 + \frac{1}{2}[I_G(s)].\vec{\Omega}_{S/R}{}^2 \qquad (0.37)$$

- $\frac{1}{2}M.\vec{V}_{G\in S/R}{}^2$corresponde à energia cinética de tradução du solide que será obtida se G tiver um movimento de tradução retilínea.
- $\frac{1}{2}[I_G(s)].\vec{\Omega}_{S/R}{}^2$corresponde à energia cinética de rotação que será obtida se for fixa.

4.4. Aplicativo

Energia cinematográfica de um tigre

Considera um tige homogêneo de comprimento l, d'épaisseur insignificante e de massa m em ligação com o pivô do eixo (O, $\vec{z}$) com o b â ti et continua no plano (O, $\vec{x}$, $\vec{y}$) (figura 3.5). Determinar a energia cinética do tigre (T) em seu movimento por relacionamento com R.

$$E_C = \frac{1}{2}.\int \left[\vec{V}_{M\in S/R_g}\right]^2 .dm \qquad (0.38)$$

$$\vec{V}_{M\in S/R_g} = \left[\frac{d}{dt}\overrightarrow{OM}\right]_R = x\dot{\alpha}\,\overrightarrow{y_1} \qquad (0.39)$$

$$E_C = \frac{1}{2}.\int (x\dot{\alpha}\,\overrightarrow{y_1})^2 .dm = \frac{m.\dot{\alpha}^2}{2.l}.\int_0^l x^2 .dx = \frac{m.\dot{\alpha}^2.l^2}{6} \qquad (0.40)$$

Ou bem:

$$Ec = \frac{1}{2}m.\vec{V}_{G\in S/R}^{\ 2} + \frac{1}{2}[I_G(s)].\vec{\Omega}_{S/R}^{\ 2} \qquad (0.41)$$

$$Ec = \frac{1}{2}m.(\frac{l.\dot{\alpha}}{2})^2 + \frac{1}{2}\left[\frac{m.l^2}{12}\right].\dot{\alpha}^2 = \frac{m.l^2.\dot{\alpha}^2}{8} + \frac{m.l^2.\dot{\alpha}^2}{24} = \frac{3.m.l^2.\dot{\alpha}^2}{24} + \frac{m.l^2.\dot{\alpha}^2}{24} = \frac{m.l^2.\dot{\alpha}^2}{6} \qquad (0.42)$$

7. Energia potencial

7.1. Definição

O conjunto material (Σ2) possui uma energia potente $E_{p_{(\Sigma1\to\Sigma2/R)}}$, associada à ação mecânica de (Σ1) sobre (Σ2), no movimento de (Σ2) por relacionamento com R. Elle é expresso por:

$$P_{(\Sigma1\to\Sigma2/R)} = -\frac{d}{dt}E_{p_{(\Sigma1\to\Sigma2/R)}} \qquad (0.43)$$

7.2. Energia potente de dois conjuntos materiais, associada a uma ação mútua

Os dois conjuntos de materiais (Σ1) e (Σ2) possuem uma energia potencial, associada a uma ação mútua, e existe uma função escalar $E_{p_{(\Sigma1\leftrightarrow\Sigma2)}}$que diz:

$$P_{(\Sigma1\leftrightarrow\Sigma2)} = -\frac{d}{dt}E_{p_{(\Sigma1\leftrightarrow\Sigma2)}} \qquad (0.44)$$

7.3.1. Exemplo: *a energia potencial de dois sólidos entre as partes é intercalada com um recurso de tração-compressão de massa nulo.*

Considere dois sólidos (S_1) e (S_2) em um pivô de ligação brilhante do eixo $(O,\vec{\iota})$. Um recurso (r) de tração-compressão de massa suposto nulo, de raideur K, de longo prazo « ℓ » colocado após o eixo $(O,\vec{\iota})$entre (S_1) e (S_2). A ação mecânica do recurso (r) sobre (S_2) é modelada pelo torso $\{T_{r->S_2}\}$.

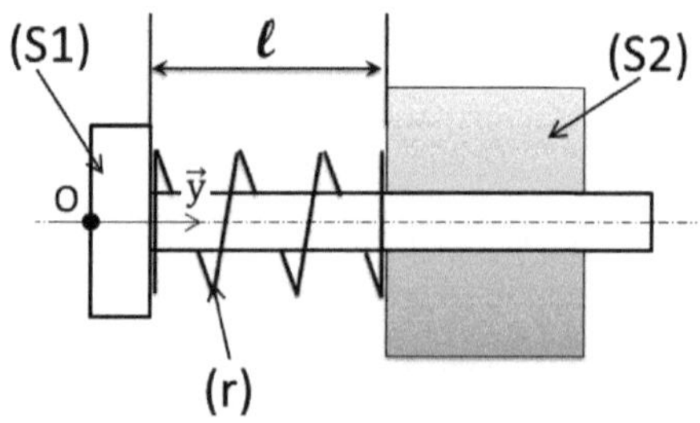

Figura 0. 3: de dois sólidos entre as partes estão intercalados com um recurso

Calcula a potência produzida pela ação mecânica do recurso (r) sobre os dois sólidos (S1) e (S2), em seu movimento por relacionamento com um representante R quelconque.

$P(r \rightarrow S_1, S_2/R) = P(r \rightarrow S_1/R) + P(r \rightarrow S_2/R)$

Soit

$P(r \rightarrow S_1, S_2/R) = \{\mathrm{T}_{r->S_1}\}.\{\mathrm{V}_{S_1/R}\} + \{\mathrm{T}_{r->S_2}\}.\{\mathrm{V}_{S_2/R}\}$

Le ressort étant de masse nulle :

$\{\mathrm{T}_{r->S_1}\} = -\{\mathrm{T}_{r->S_2}\}$

D'où

$P(r \rightarrow S_1, S_2/R) = \{\mathrm{T}_{r->S_2}\}.\left(\{\mathrm{V}_{S_2/R}\} - \{\mathrm{V}_{S_1/R}\}\right)$

Soit

$P(r \rightarrow S_1, S_2/R) = \{\mathrm{T}_{r->S_2}\}.\{\mathrm{V}_{S_2/S_1}\}$

Este poder é independente do representante R. Nous la notons simplement :

$P(r \rightarrow S_1, S_2) = -K(l - l_0).\dfrac{dl}{dt}$

Existe uma energia potencial de (S_1) e (S_2) associada à sua ação mútua pelo intermediário do recurso (r):

$$E_p(r \rightarrow S_1, S_2) = \frac{K}{2}(l - l_0)^2$$

7.3.2. Exemplo 2: Energia potencial de um tempo

Considera um tige homogêneo de comprimento l, d'épaisseur insignificante e de massa m em ligação com o pivô do eixo (O, $\vec{z}$) com o b â ti et continua no plano (O, $\vec{x}$, $\vec{y}$) (figura 3.5). Determine a energia potencial do tigre (T) em seu movimento em relação a R.

$$\mathrm{P}_{(\overline{T}\rightarrow T/R)} = \mathrm{P}_{(bati\rightarrow T/R)} + \mathrm{P}_{(Pesanteur\rightarrow T/R)} \qquad (0.45)$$

La liaison entre (T) et bâti est parfaite donc

$$\mathrm{P}_{(bati\leftrightarrow T)} = 0 \qquad (0.46)$$

Puisque R est relié au bâti d'où

$$\mathrm{P}_{(bati\rightarrow T/R)} = \mathrm{P}_{(bati\leftrightarrow T)} = 0 \qquad (0.47)$$

$$\mathrm{P}_{(\overline{T}\rightarrow T/R)} = \mathrm{P}_{(Pesanteur\rightarrow T/R)} = \{\mathrm{T}_{Pesanteur\rightarrow T}\} \otimes \{\mathrm{V}_{T/R}\} \qquad (0.48)$$

$$\mathrm{P}_{(Pesanteur\rightarrow T/R)} = \begin{Bmatrix} mg & 0 \\ 0 & 0 \\ 0 & -\frac{l.m.g}{2}\sin\alpha \end{Bmatrix} \otimes \begin{Bmatrix} 0 & 0 \\ 0 & 0 \\ \dot{\alpha} & 0 \end{Bmatrix} = -\frac{l.m.g}{2}.\dot{\alpha}.\sin\alpha \qquad (0.49)$$

Ou

$$P_{(Pesanteur\to T/R)} = -\frac{d}{dt}E_{p_{(Pesanteur\leftrightarrow T)}} = -\frac{l.m.g}{2}\frac{d}{dt}(-\cos\alpha) \qquad (0.50)$$

Compte tenu da relação anterior

$$E_{p_{(Pesanteur\leftrightarrow T)}} = -\frac{l.m.g}{2}.\cos\alpha \qquad (0.51)$$

Após as relações (4.41) e (4.49)

$$P_{(\overline{T}\to T/R)} = \frac{d}{dt}E_C(T/R_g) = -\frac{d}{dt}E_{p_{(Pesanteur\leftrightarrow T)}} \qquad (0.52)$$

$$\frac{d}{dt}\left(\frac{m.\dot{\alpha}^2.l^2}{6}\right) = -\frac{d}{dt}\left(-\frac{l.m.g}{2}.\cos\alpha\right) \qquad (0.53)$$

$$\frac{d}{dt}\left(\frac{m.\dot{\alpha}^2.l^2}{6} - \frac{l.m.g}{2}.\cos\alpha\right) = 0 \qquad (0.54)$$

$$\frac{m.l^2}{3}\dot{\alpha}.\left(\ddot{\alpha} + \frac{3.g}{2.l}.\sin\alpha\right) = 0 \qquad (0.55)$$

CAPÍTULO 5: Problemas corrigidos

5. A troncona circular

5.1. Enoncé

Em seguida, propomos estudar o tubo circular utilizado para bloquear os tubos (figura l). Ela é composta por:

- Uma batida (**S** $_0$) auquel está associada ao repère suposto galiléen R $_0$($\mathbf{O}, \overrightarrow{\mathbf{x_0}}, \overrightarrow{\mathbf{y_0}}, \overrightarrow{\mathbf{z_0}}$).
- Um braço (**S** $_1$), em ligação com o pivô parfaite d'axe (O, $\overrightarrow{\mathbf{z_0}}$) com a batida (**S** $_0$), também está ligado ao representante R $_1$($\mathrm{O}, \overrightarrow{\mathbf{x_1}}, \overrightarrow{\mathbf{y_1}}, \overrightarrow{\mathbf{z_0}}$) do que $\boldsymbol{\alpha} = (\overrightarrow{\mathbf{x_0}}, \overrightarrow{\mathbf{x_1}}) = (\overrightarrow{\mathbf{y_0}}, \overrightarrow{\mathbf{y_1}})$($\alpha$ é positivo).
- Um conjunto (**S** $_2$), en liaison pivot parfaite d'axe (A, $\overrightarrow{\mathbf{z_0}}$) com bras (**S** $_1$), auquel est anexado le repère R $_2$ ($\mathrm{A}, \overrightarrow{\mathbf{x_2}}, \overrightarrow{\mathbf{y_2}}, \overrightarrow{\mathbf{z_0}}$) tel que $\boldsymbol{\beta} = (\overrightarrow{\mathbf{x_1}}, \overrightarrow{\mathbf{x_2}}) = (\overrightarrow{\mathbf{y_1}}, \overrightarrow{\mathbf{y_2}})$($\alpha$ é positivo). O conjunto (**S** $_2$) é composto por:
  - Uma árvore assimilé a um **tige (T)** homogêneo de massa **m** $_1$, de comprimento **L** , de rayon insignificante e de centro de massa **A.**
  - Uma lâmina assimilável a um **disco (D)** homogêneo de massa **m** $_2$, de raiom **R** , de espessura insignificante e de centro de massa **B** .
- Um tubo (**S** $_3$) encastrado na base (**S** $_0$) no curso da operação de tronco. No início desta operação, o contato entre o conjunto (**S** $_2$) e o tubo (**S** $_3$), garantido com o coeficiente f, é suposto ponto normal (I, $\overrightarrow{\mathbf{z_0}}$).

Todas as repetições utilizadas são ortonormadas diretas. O campeão do pesante é definido por $\vec{g} = -\,g.\overrightarrow{z_0}$. A ação de (**S** $_2$) sobre (**S** $_3$) no ponto I é definida, no repère **R** $_0$, pelo torso :

$$\{T_{2\to3}\} = \begin{Bmatrix} T & 0 \\ N & 0 \\ 0 & 0 \end{Bmatrix}_I.$$

O braço (S $_1$) é girado por um motor redutor **M** $_1$ que exerce um par: $\overrightarrow{C_1} = C_1.\overrightarrow{z_0}$

O conjunto (S $_2$) é girado por um motor **M** $_2$ exercendo um par: $\overrightarrow{C_2} = C_2.\overrightarrow{z_0}$

Sobre dado: $\overrightarrow{OA} = r.\overrightarrow{x_1}$; $\overrightarrow{AB} = \frac{L}{2}.\overrightarrow{z_0}$;$\overrightarrow{IB} = R.\overrightarrow{y_0}$

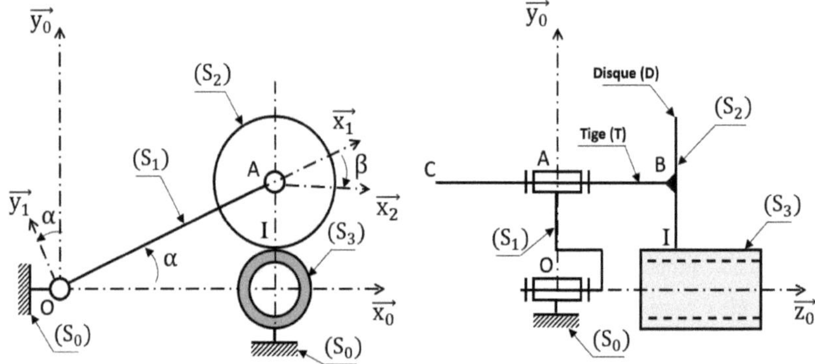

Figura 1: Schéma cinématique minimal de la tronçonneuse

1) Determinar na repetição R 2 (A, $\overrightarrow{\mathbf{x_2}}, \overrightarrow{\mathbf{y_2}}, \overrightarrow{\mathbf{z_0}}$) a posição do centro de inércia G, do conjunto (S 2):

   $\mathbf{M}.\overrightarrow{\mathbf{AG}} = \sum_{i=1}^{n} \overrightarrow{\mathbf{AG_i}}.\mathbf{m_i} e \mathbf{M} = \sum_{i=1}^{n} \mathbf{m_i}$

2) Se propor adicionar ao conjunto (S 2) uma massa pontual **m** 3 concentrada no ponto C. Determinar **m** 3 para que o centro de inércia G fique conectado com o ponto A :$\overrightarrow{AB} = \overrightarrow{GB} = \frac{L}{2}\overrightarrow{z_0}$

3) Mostre que a matriz de inércia do tigre (T) no ponto A (centro de inércia do tigre) expressa em R 2 está na forma seguinte: $[I_A(T)]_{R_2} = \begin{bmatrix} A_T & 0 & 0 \\ 0 & A_T & 0 \\ 0 & 0 & 0 \end{bmatrix}$, depois mostre que$A_T = \int z^2.dm = \frac{m_1.L^2}{12}$

4) Mostre que a matriz de inércia do disco (D) no ponto B (centro de inércia do disco) expressa em R 2 está na forma seguinte:$[I_B(D)]_{R_2} = \begin{bmatrix} A_D & 0 & 0 \\ 0 & A_D & 0 \\ 0 & 0 & C_D \end{bmatrix}$

5) Use o teorema de Huygens e mostre que a matriz de inércia do conjunto (**S** 2) $[I_A(S_2)]_{R_2}$expressa no ponto (A) é da forma seguinte:$[I_A(S_2)]_{R_2} = \begin{bmatrix} A & 0 & 0 \\ 0 & A & 0 \\ 0 & 0 & C \end{bmatrix}$

6) Exprima o torso cinético de ($\boldsymbol{S_2}$) por relacionamento com ($\boldsymbol{S_0}$) no ponto A.

7) Exprime o torque dinâmico de ($\boldsymbol{S_2}$) por relacionamento com ($\boldsymbol{S_0}$) no ponto A .

8) Em seguida, na base $\boldsymbol{R_0}$, o torso associado a essas ações no ponto A:$\{\mathbf{T}_{\overline{S_2} \to S_2}\}_A$

9) Determine as equações escalares que resultam do PFD (princípio fundamental da dinâmica) aplicado ao conjunto ((S_2) em movimento por relacionamento com R_0. Em atraso **T** e **N** em função de C_2.

5.2.Correção

1) Determinar na repetição R 2 (A, $\overrightarrow{x_2}, \overrightarrow{y_2}, \overrightarrow{z_0}$) a posição do centro de inércia G, do conjunto (S 2):

$\mathbf{M}.\overrightarrow{\mathbf{AG}} = \sum_{i=1}^{n} \overrightarrow{\mathbf{AG_i}}.\mathbf{m_i}e\mathbf{M} = \sum_{i=1}^{n} \mathbf{m_i}$

$\mathbf{M}.\overrightarrow{\mathbf{AG}} = m_1.\overrightarrow{AA} + m_2.\overrightarrow{AB}com\mathbf{M} = m_1 + m_2$

$\overrightarrow{AA} = \vec{0}$adeus$\overrightarrow{\mathbf{AG}} = \frac{m_2}{M}.\overrightarrow{AB}$

em um$\overrightarrow{AB} = \frac{L}{2}.\overrightarrow{z_0}$

então$\overrightarrow{\mathbf{AG}} = \frac{m_2}{M}.\frac{L}{2}.\overrightarrow{z_0} = \frac{m_2}{m_1+m_2}.\frac{L}{2}.\overrightarrow{z_0}$

2) Ao propor um acréscimo ao conjunto (S_2) uma massa pontual $\boldsymbol{m_3}$concentrada no ponto C. Determinar $\boldsymbol{m_3}$para que o centro de inércia G fique em sintonia com o ponto A :

$\overrightarrow{AB} = \overrightarrow{GB} = \frac{L}{2}\overrightarrow{z_0}$

$\mathbf{M}.\overrightarrow{\mathbf{AG}} = \sum_{i=1}^{n} \overrightarrow{\mathbf{AG_i}}.\mathbf{m_i}eA \equiv G$

$\mathbf{M}.\overrightarrow{\mathbf{AA}} = m_1.\overrightarrow{AA} + m_2.\overrightarrow{AB} + m_3.\overrightarrow{AC}$

ou$\overrightarrow{AA} = \vec{0}$

adeus$m_2.\overrightarrow{AB} + m_3.\overrightarrow{AC} = \vec{0}$

$m_2.\overrightarrow{AB} + m_3.\overrightarrow{AC} = \vec{0}$em um $\overrightarrow{AB} = \frac{L}{2}.\overrightarrow{z_0}$et em um$\overrightarrow{AC} = -\frac{L}{2}.\overrightarrow{z_0}$

onde $m_2.\frac{L}{2}.\overrightarrow{z_0} - m_3.\frac{L}{2}.\overrightarrow{z_0} = \vec{0}$encontrar onde encontrar$m_2 = m_3$

3) Mostre que a matriz de inércia do tigre (T) no ponto A (centro de inércia do tigre) expressa na R^2forma seguinte:$[I_A(T)]_{R_2} = \begin{bmatrix} A_T & 0 & 0 \\ 0 & A_T & 0 \\ 0 & 0 & 0 \end{bmatrix}$

$(O, \overrightarrow{Z})$é um machado de revolução (machado de simetria material) enquanto a matriz de inércia é principal

$$[I_A(T)]_{R_2} = \begin{bmatrix} A_T & 0 & 0 \\ 0 & A_T & 0 \\ 0 & 0 & C_T \end{bmatrix}$$

Com $A_T = \int (x^2 + z^2).dm = \int (y^2 + z^2).dm(1)$

$C_T = \int (x^2 + y^2).dm(2)$

o diâmetro do tige é insignificante c-à-d$x^2 = y^2 = 0$

naquele caso $A_T = \int (x^2 + z^2).dm = \int z^2.dm$e$C_T = \int (x^2 + y^2).dm = 0$

$A_T = \int z^2.dm$se você considerar que$dm = \lambda dz \ = \frac{m_1}{L} dz$

então$A_T = \int z^2.dm = A_T = \int z^2.\frac{m_1}{L} dz = \frac{m_1}{L}\int_{-L/2}^{L/2} z^2.dz = \frac{m_1}{L}.\left[\frac{1}{3}z^3\right]_{-L/2}^{L/2} = \frac{m_1}{L}.\frac{1}{3}.\frac{L^3}{4} =$

$\frac{m_1.L^2}{12}$

4) Mostre que a matriz de inércia do disco (D) no ponto B (centro de inércia do disco) expressa em R 2 está na forma seguinte:$[I_B(D)]_{R_2} = \begin{bmatrix} A_D & 0 & 0 \\ 0 & A_D & 0 \\ 0 & 0 & C_D \end{bmatrix}$

A matriz de inércia de (D) relativa ao ponto B é conhecida como $[I_B(D)]_{R_2}$a forma geral seguinte

$$[I_B(D)]_{R_2} = \begin{bmatrix} A & -F & -E \\ -F & B & -D \\ -E & -D & C \end{bmatrix}$$

($O,\overrightarrow{Z}$)é um machado de revolução (machado de simétria material) na matriz de inércia é principal em F=E=D=0

Então$[I_B(D)]_{R_2} = \begin{bmatrix} A_D & 0 & 0 \\ 0 & B_D & 0 \\ 0 & 0 & C_D \end{bmatrix}$

Os eixos ($o,\vec{x}$) e ($o,\vec{y}$) são equivalentes $A = B$neste caso:

$$[I_B(D)]_{R_2} = \begin{bmatrix} A_D & 0 & 0 \\ 0 & A_D & 0 \\ 0 & 0 & C_D \end{bmatrix}$$

Para a suíte em prendra: $A_T = \frac{m_1.L^2}{12}$, $A_D = \frac{m_2.R^2}{4}$ et $C_D = \frac{m_2.R^2}{2}$

5) Use o teorema de Huygens e mostre que a matriz de inércia do conjunto (**S** 2) $[I_A(S_2)]_{R_2}$expressa no ponto (A) é da forma seguinte:$[I_A(S_2)]_{R_2} = \begin{bmatrix} A & 0 & 0 \\ 0 & A & 0 \\ 0 & 0 & C \end{bmatrix}$

com $A = \frac{m_1.L^2}{12} + \frac{m_2.R^2}{4} + \frac{m_2.L^2}{4}$;$C = \frac{m_2.R^2}{2}$

$[I_A(S_2)]_{R_2} = [I_A(T)]_{R_2} + [I_A(D)]_{R_2}$

A expressão da matriz de inércia do disco no ponto B é dada por:

$$[I_B(D)]_{R_2} = \begin{bmatrix} A_D & 0 & 0 \\ 0 & A_D & 0 \\ 0 & 0 & C_D \end{bmatrix}$$

Para determinar a expressão desta matriz no ponto A, use o teorema de Huygens

$$[I_A(D)]_{R_2} = [I_B(D)]_{R_2} + [I(B.A.m_2)]$$

O vetor$\overrightarrow{AB} = \frac{L}{2}.\overrightarrow{z_0}$

$$\text{adeus}[I(B.A.m_2)] = m_2 \begin{bmatrix} y_B{}^2 + z_B{}^2 & -x_B.y_B & -x_B.z_B \\ -x_B.y_B & x_B{}^2 + z_B{}^2 & -y_B.z_B \\ -x_B.z_B & -y_B.z_B & x_B{}^2 + y_B{}^2 \end{bmatrix} =$$

$$m_2 \begin{bmatrix} 0^2 + \frac{L^2}{4} & 0 & 0 \\ 0 & 0^2 + \frac{L^2}{4} & 0 \\ 0 & 0 & 0^2 + 0^2 \end{bmatrix}$$

$$[I_A(D)]_{R_2} = \begin{bmatrix} A & 0 & 0 \\ 0 & B & 0 \\ 0 & 0 & C \end{bmatrix} = \begin{bmatrix} A_D & 0 & 0 \\ 0 & A_D & 0 \\ 0 & 0 & C_D \end{bmatrix} + m_2 \begin{bmatrix} \frac{L^2}{2} & 0 & 0 \\ 0 & \frac{L^2}{2} & 0 \\ 0 & 0 & 0 \end{bmatrix} = m_2 \begin{bmatrix} \frac{R^2}{4} + \frac{L^2}{4} & 0 & 0 \\ 0 & \frac{R^2}{4} + \frac{L^2}{4} & 0 \\ 0 & 0 & \frac{R^2}{2} \end{bmatrix}$$

a matriz de inércia do conjunto (**S** $_2$) $[I_A(S_2)]_{R_2}$é

$$[I_A(S_2)]_{R_2} = [I_A(T)]_{R_2} + [I_A(D)]_{R_2}$$

$$[I_A(S_2)]_{R_2} = \begin{bmatrix} m_1 \frac{L^2}{12} & 0 & 0 \\ 0 & m_1 \frac{L^2}{12} & 0 \\ 0 & 0 & 0 \end{bmatrix} + \begin{bmatrix} \frac{m_2.R^2}{4} + m_2 \frac{L^2}{4} & 0 & 0 \\ 0 & \frac{m_2.R^2}{4} + m_2 \frac{L^2}{4} & 0 \\ 0 & 0 & \frac{m_2.R^2}{2} \end{bmatrix}$$

$$[I_A(S_2)]_{R_2} = \begin{bmatrix} m_1 \frac{L^2}{12} + \frac{m_2.R^2}{4} + m_2 \frac{L^2}{4} & 0 & 0 \\ 0 & m_1 \frac{L^2}{12} + \frac{m_2.R^2}{4} + m_2 \frac{L^2}{4} & 0 \\ 0 & 0 & \frac{m_2.R^2}{2} \end{bmatrix}$$

Então $\{\mathbf{C}_{S2\rightarrow S0}\}_A$é o torso cinematográfico que representa o movimento de **(S** $_2$ **)** em relação a **(S** $_0$ **)** no ponto **A** centro de massa do conjunto (S $_2$):

$$\{\mathbf{C}_{S2\rightarrow S0}\}_A = \begin{Bmatrix} \vec{\Omega}(S_2/S_0) = (\dot{\alpha} + \dot{\beta})\overrightarrow{z_0} \\ \vec{V}(A \in S2/R_0) = r.\dot{\alpha}\,\overrightarrow{y_1} \end{Bmatrix}_A$$

6) Exprima o torso cinético de (**S** $_2$) por relacionamento com (**S** $_0$) no ponto A.

$$\{C(S_2/R_0)\}_A = \begin{Bmatrix} \vec{Q} = M\,\vec{V}_{B\in S2/R0} \\ \overrightarrow{\sigma_A}(S_2/R_0) = [I_A(S_2)].\vec{\Omega}(S_2/S_0) \end{Bmatrix}$$

$$\vec{Q} = M\,\vec{V}_{B\in S2/R0} = (m_1 + m_2)r.\dot{\alpha}\,\overrightarrow{y_1} = (m_1 + m_2)r.\dot{\alpha}\,(c\alpha\,\overrightarrow{x_0} + s\alpha\,\overrightarrow{y_0})$$

$$\overrightarrow{\sigma_A}(S_2/R_0) = [I_A(S_2)].\vec{\Omega}\left(\frac{S_2}{S_0}\right) =$$

$$\begin{bmatrix} m_1\frac{L^2}{12}+\frac{m_2.R^2}{4}+m_2\frac{L^2}{4} & 0 & 0 \\ 0 & m_1\frac{L^2}{12}+\frac{m_2.R^2}{4}+m_2\frac{L^2}{4} & 0 \\ 0 & 0 & \frac{m_2.R^2}{2} \end{bmatrix}.\begin{pmatrix} 0 \\ 0 \\ \dot\alpha+\dot\beta \end{pmatrix}$$

$$\overrightarrow{\sigma_A}(S_2/R_0) = \frac{m_2.R^2}{2}(\dot\alpha+\dot\beta)\overrightarrow{z_0}$$

$$\{C(S_2/R_0)\}_A = \begin{Bmatrix} \vec{Q} = M\,\vec{V}_{B\in S2/R0} \\ \overrightarrow{\sigma_A}(S_2/R_0) = [I_A(S_2)].\vec{\Omega}(S_2/S_0) \end{Bmatrix} = \begin{Bmatrix} (m_1+m_2)r.\dot\alpha.c\alpha & 0 \\ (m_1+m_2)r.\dot\alpha.s\alpha & 0 \\ 0 & \frac{m_2.R^2}{2}(\dot\alpha+\dot\beta) \end{Bmatrix}$$

7) Exprime o torque dinâmico de (**S** $_2$) por relacionamento com (**S** $_0$) no ponto A.

$$\{D_{\overrightarrow{\sigma_A}(S_2/R_0)}\}_G = \begin{Bmatrix} M\,\vec{\Gamma}_{A/R} \\ \vec{\delta}_{A(S_2/R_0)} = \left[\frac{d}{dt}\overrightarrow{\sigma_A}(S_2/R_0)\right]_R \end{Bmatrix}$$

$$M.\vec{\Gamma}_{A/R} = M.\frac{d}{dt}(r.\dot\alpha\,\overrightarrow{y_1}) = M.r.\frac{d}{dt}(\dot\alpha\,\overrightarrow{y_1}) = M.r.\left(\frac{d}{dt}(\dot\alpha)\overrightarrow{y_1} + \dot\alpha\frac{d}{dt}(\overrightarrow{y_1})\right)$$

$$M.\vec{\Gamma}_{G/R} = M.r.(\ddot\alpha.\overrightarrow{y_1} - \dot\alpha^2.\overrightarrow{x_1})$$

$$\vec{\delta}_{A(S_2/R_0)} = \left[\frac{d}{dt}\overrightarrow{\sigma_A}(S_2/R_0)\right]_R = \frac{d}{dt}\left(\frac{m_2.R^2}{2}(\dot\alpha+\dot\beta)\overrightarrow{z_0}\right) = \frac{m_2.R^2}{2}(\ddot\alpha+\ddot\beta)\overrightarrow{z_0}$$

$$\{D(S_2/R_0)\}_A = \begin{Bmatrix} M\,\vec{\Gamma}_{A/R} \\ \vec{\delta}_{A(S_2/R_0)} \end{Bmatrix} = \begin{Bmatrix} (m_1+m_2)r.[-\ddot\alpha.s\alpha.-\dot\alpha^2.c\alpha] & 0 \\ (m_1+m_2)r.[\ddot\alpha.c\alpha.-\dot\alpha^2.s\alpha] & 0 \\ 0 & \frac{m_2.R^2}{2}(\ddot\alpha+\ddot\beta \end{Bmatrix}$$

Suponha que o conjunto (S $_2$); est soumise aux actions mécaniques suivantes :

- ações do pesanteur no ponto A: $\{\mathbf{T}_{g\to S_2}\}_A = \begin{Bmatrix} 0 & 0 \\ -M.g & 0 \\ 0 & 0 \end{Bmatrix}_A$

- ação do motor **M** $_2$ no ponto A: $\{\mathbf{T}_{M_2\to S_2}\}_A = \begin{Bmatrix} 0 & 0 \\ 0 & 0 \\ 0 & C_2 \end{Bmatrix}_A$

- ação do braço (**S** $_1$) no ponto A: $\{\mathbf{T}_{S_1\to S_2}\}_A = \begin{Bmatrix} X_1 & L_1 \\ Y_1 & M_1 \\ Z_1 & 0 \end{Bmatrix}_A$

- ação do tubo (**S** $_3$) no ponto A: $\{\mathbf{T}_{S_1\to S_2}\}_A = \begin{Bmatrix} T & -\frac{N.L}{2} \\ N & \frac{T.L}{2} \\ 0 & T.R \end{Bmatrix}_A$

8) Em seguida, na base **R** $_0$, o torso associado a essas ações no ponto A: $\{\mathbf{T}_{\overline{S_2}\to S_2}\}_A$

$$\{T_{\overline{S_2}\to S_2}\}_A = \{T_{g\to S_2}\}_A + \{T_{S_1\to S_2}\}_A + \{T_{M_2\to S_2}\}_A + \{T_{S_1\to S_2}\}_A$$

$$\{T_{\overline{S_2}\to S_2}\}_A = \begin{Bmatrix} 0 & 0 \\ -M_D.g & 0 \\ 0 & 0 \end{Bmatrix}_A + \begin{Bmatrix} X_1 & L_1 \\ Y_1 & M_1 \\ Z_1 & 0 \end{Bmatrix}_A + \begin{Bmatrix} 0 & 0 \\ 0 & 0 \\ 0 & C_2 \end{Bmatrix}_A + \begin{Bmatrix} T & -\frac{N.L}{2} \\ N & \frac{T.L}{2} \\ 0 & T.R \end{Bmatrix}_A$$

$$\{T_{\overline{S_2}\to S_2}\}_A = \begin{Bmatrix} X_1 + T & L_1 - \frac{N.L}{2} \\ -M.g + Y_1 + N & M_1 + \frac{T.L}{2} \\ Z_1 & C_2 + T.R \end{Bmatrix}_A$$

9) Determine as equações escalares que são calculadas pelo PFD (princípio fundamental da dinâmica) aplicado ao conjunto (**S** $_2$) em movimento por relacionamento com **R** $_0$. En déduire **T** et **N** em função de **C** $_2$.

Depois do PFD

$$\{D_{\Sigma/Rg}\}_A = \{T_{\overline{S_2}\to S_2}\}_A \text{c-à-d.} \begin{Bmatrix} m.\vec{\Gamma}_{A/R} \\ \vec{\delta}_{A(S_2/R_0)} \end{Bmatrix}_A = \begin{Bmatrix} \vec{R}_{(\overline{S_2}\to S_2)} \\ \vec{M}_{(\overline{S_2}\to S_2)} \end{Bmatrix}_A$$

$$\begin{Bmatrix} (m_1+m_2)r.[-\ddot{\alpha}.s\alpha.-\dot{\alpha}^2.c\alpha] & 0 \\ (m_1+m_2)r.[\ddot{\alpha}.c\alpha.-\dot{\alpha}^2.s\alpha] & 0 \\ 0 & \frac{m_2.R^2}{2}(\ddot{\alpha}+\ddot{\beta}) \end{Bmatrix} = \begin{Bmatrix} X_1 + T & L_1 - \frac{N.L}{2} \\ -(m_1+m_2).g + Y_1 + N & M_1 + \frac{T.L}{2} \\ Z & C_2 + T.R \end{Bmatrix}_A$$

$$\begin{cases} (m_1+m_2)r.[-\ddot{\alpha}.s\alpha.-\dot{\alpha}^2.c\alpha] = X_1 + T \\ (m_1+m_2)r.[\ddot{\alpha}.c\alpha.-\dot{\alpha}^2.s\alpha] = -(m_1+m_2).g + Y_1 + N \\ 0 = Z_1 \\ 0 = L_1 - \frac{N.L}{2} \\ 0 = M_1 + \frac{T.L}{2} \\ \frac{m_2.R^2}{2}(\ddot{\alpha}+\ddot{\beta}) = C_2 + T.R \end{cases}$$

$$T = \frac{1}{R}\left(\frac{m_2.R^2}{2}(\ddot{\alpha}+\ddot{\beta}) - C_2\right)$$

10) Determinar a equação de movimento do centro de massa G.

As equações vetoriais do resultado e do momento dinâmico conduzem às três equações escalares, então para as duas equações escalares.Dans notre cas on a trois equações que são:

$(m_1+m_2)r.[-\ddot{\alpha}.s\alpha.-\dot{\alpha}^2.c\alpha] = X_1 + T$ ➔ $\ddot{\alpha}.s\alpha.+\dot{\alpha}^2.c\alpha + \frac{X_1+T}{(m_1+m_2)r} = 0$

$(m_1+m_2)r.[\ddot{\alpha}.c\alpha.-\dot{\alpha}^2.s\alpha] = -(m_1+m_2).g + Y_1 + N$ ➔ $\ddot{\alpha}.c\alpha.-\dot{\alpha}^2.s\alpha + \frac{(m_1+m_2).g-Y_1-N}{(m_1+m_2)r} = 0$

$\frac{m_2.R^2}{2}(\ddot{\alpha}+\ddot{\beta}) = C_2 + T.R$ ➔ $\ddot{\alpha}+\ddot{\beta} - \frac{C_2+T.R}{\frac{m_2.R^2}{2}} = 0$

6. Meule à huile artesanal

6.1. Enoncé

A figura (1) ilustra um **pedaço de óleo artesanal** usado para brotar e apagar as azeitonas antes da etapa de essoragem.

Para simplificar a modelização do mecanismo, como ilustrado pela figura 2, na verdade as seguintes hipóteses:

- La **meule (2),** d'épaisseur **h** , de rayon **R** et de masse **m** , é girado pelos **braços (1)** .
- Le poids et l'inertie du **bras (1)** são insignificantes para o relacionamento com o corpo **(2).**
- Le moteur **M** exerce um casal C_m sur le **bras (1)** .
- As ligações mecânicas são perfeitas, exceto a ligação entre o **meule (2)** e o **socle(0)** para um coeficiente de frottement **f** .
- A **minhale (2)** roule sans glisser au point **I** sur le socle.

Para a configuração do mecanismo, considere:

le repère $\boldsymbol{R_0}(\mathbf{A}, \overrightarrow{\mathbf{x_0}}, \overrightarrow{\mathbf{y_0}}, \overrightarrow{\mathbf{z_0}})$ está associado ao **soco (0)** com $(\mathbf{A}, \overrightarrow{\mathbf{z_0}})$ está o eixo de rotação. O repère $\boldsymbol{R_1}(\mathbf{A}, \overrightarrow{\mathbf{x_1}}, \overrightarrow{\mathbf{y_1}}, \overrightarrow{\mathbf{z_0}})$ está associado ao **braço (1)** , com $\boldsymbol{\alpha} = (\overrightarrow{\mathbf{x_0}}, \overrightarrow{\mathbf{x_1}}) = (\overrightarrow{\mathbf{y_0}}, \overrightarrow{\mathbf{y_1}})$(**αé negativo**). O repère $\boldsymbol{R_2}(\mathbf{G}, \overrightarrow{\mathbf{x_1}}, \overrightarrow{\mathbf{y_2}}, \overrightarrow{\mathbf{z_2}})$ está associado ao **meule (2)** com $\boldsymbol{\theta} = (\overrightarrow{\mathbf{y_1}}, \overrightarrow{\mathbf{y_2}}) = (\overrightarrow{\mathbf{z_0}}, \overrightarrow{\mathbf{z_2}})$.

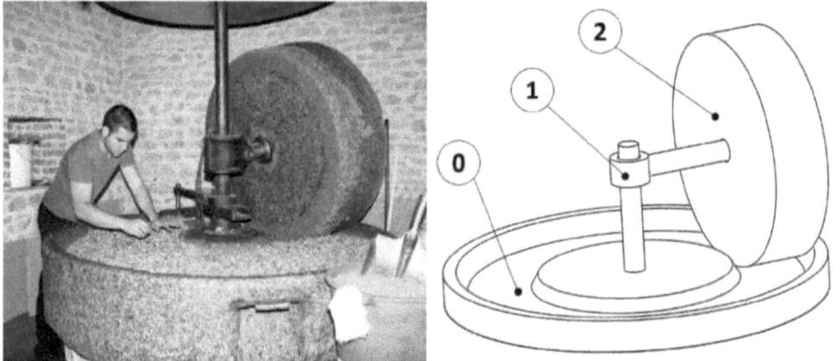

Figura 1: meule à huile artesanal

Sobre dado:

$\overrightarrow{AG} = a\,\overrightarrow{x_1}$, os pontos G et I estão no plano médio do meu filho.

A matriz de inércia do meule no ponto G (centro de gravidade do meule) é:

$$[I_{(2)}]_G = \begin{bmatrix} A & 0 & 0 \\ 0 & B & 0 \\ 0 & 0 & B \end{bmatrix} \; ; \text{com } A = \frac{m.R^2}{2} \text{e} B = \frac{m.R^2}{4} + \frac{m.h^2}{12}$$

Os torturadores estáticos das ações mecânicas são:

$$\{T_{1\to2}\} = \begin{Bmatrix} X_1 & 0 \\ Y_1 & M_1 \\ Z_1 & N_1 \end{Bmatrix}_{(G,\overrightarrow{x_1},\overrightarrow{y_1},\overrightarrow{z_0})} ; \{T_{pes\to2}\} = \begin{Bmatrix} 0 & 0 \\ 0 & 0 \\ -mg & 0 \end{Bmatrix}_{(G,\overrightarrow{x_1},\overrightarrow{y_1},\overrightarrow{z_0})} ; \{T_{0\to2}\} = \begin{Bmatrix} 0 & 0 \\ T & 0 \\ N & 0 \end{Bmatrix}_{(I,\overrightarrow{x_1},\overrightarrow{y_1},\overrightarrow{z_0})}$$

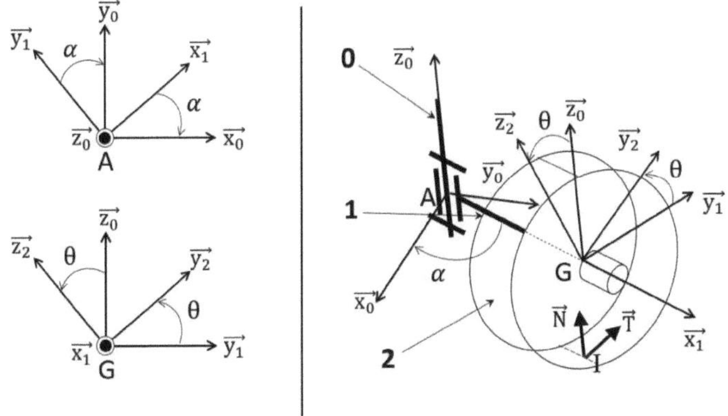

Figura 2: modelização do meule à huile

1) Calcular $\vec{\Omega}(R_2/R_1)$e $\vec{\Omega}(R_1/R_0)$reduzir$\vec{\Omega}(R_2/R_0)$
2) Monitore a velocidade do meu filho $\vec{V}(G \in 2/R_0) = -a.\dot{\alpha}\,\vec{y_1}$e calcule a aceleração$\vec{\Gamma}(G \in 2/R_0)$
3) Mostra o momento cinético do meu corpo no ponto G $\vec{\sigma}_{G(2/R_0)} = A\dot{\theta}\vec{x_1} - B\dot{\alpha}\vec{z_0}$e depois escreve o torque cinético do meu corpo (2) no ponto G.
4) Determine o torque dinâmico do meu corpo (2) no ponto G.
5) Aplique o PFD no meule (2) e escreva as equações derivadas deste princípio.
6) deduire les inconnues $\boldsymbol{X_1}$, $\boldsymbol{Y_1}$, $\boldsymbol{Z_1}$, $\boldsymbol{M_1}$, $\boldsymbol{N_1}$et N em função dos dados do problema.

6.2.Correção

1) Calcular $\vec{\Omega}(R_2/R_1)$e $\vec{\Omega}(R_1/R_0)$reduzir$\vec{\Omega}(R_2/R_0)$

$\vec{\Omega}(R_2/R_1) = \dot{\theta}\vec{x_1}$; $\vec{\Omega}(R_1/R_0) = -\dot{\alpha}\vec{z_0}$;$\vec{\Omega}(R_2/R_0) = \vec{\Omega}(R_2/R_1) + \vec{\Omega}(R_1/R_0) = \dot{\theta}\vec{x_1} - \dot{\alpha}\vec{z_0}$

2) Monitore a velocidade do meu filho $\vec{V}(G \in 2/R_0) = -a.\dot{\alpha}\,\vec{y_1}$e calcule a aceleração$\vec{\Gamma}(G \in 2/R_0)$

$$\vec{V}_{(G\in 2/0)} = \left.\frac{d\overrightarrow{AG}}{dt}\right)_{R_0} \overset{\text{Bour}}{=} \left.\frac{d\overrightarrow{AG}}{dt}\right)_{R_1} + \vec{\Omega}(R_1/R_0)\wedge\overrightarrow{AG} = -\,\dot{\alpha}\vec{z_0} \wedge a\,\vec{x_1}$$

Carro $\overrightarrow{AG} = a\,\vec{x_1}$, está expresso na base B $_1$ de R $_1$

$$\vec{V}(G \in 2/R_0) = -a.\dot{\alpha}\,\vec{y_1}$$

$$\vec{\Gamma}_{(G\in 2/R_0)} = \left.\frac{d\vec{V}_{(G\in 2/R_0)}}{dt}\right)_{R_0} \overset{\text{Bour}}{=} \left.\frac{d\vec{V}_{(G\in 2/R_0)}}{dt}\right)_{R_1} + \vec{\Omega}(R_1/R_0) \wedge \vec{V}_{(G\in 2/R_0)}$$

$$\vec{\Gamma}_{(G\in 2/R_0)} = -a.\ddot{\alpha}\vec{y_1} - a.\dot{\alpha}^2\vec{x_1}$$

3) Mostra o momento cinético do meu corpo no ponto G $\vec{\sigma}_{G(2/R_0)} = A\dot{\theta}\vec{x_1} - B\dot{\alpha}\vec{z_0}$e depois escreve o torque cinético do meu corpo (2) no ponto G.

$$\vec{\sigma_G}(2/R_0) = [I_G(2)].\vec{\Omega}_{2/R_0} = \begin{bmatrix} A & 0 & 0 \\ 0 & B & 0 \\ 0 & 0 & B \end{bmatrix}\begin{pmatrix} \dot{\theta} \\ 0 \\ -\dot{\alpha} \end{pmatrix} = A\dot{\theta}\vec{x_1} - B\dot{\alpha}\vec{z_0}$$

$$\{C_{(2/R_0)}\}_G = \begin{Bmatrix} m\,\vec{V}_{(G\in 2/R_0)} \\ \vec{\sigma}_{G(2/R_0)} \end{Bmatrix} = \begin{Bmatrix} \vec{Q}_{2/R_0} = -m.a.\dot{\alpha}\,\vec{y_1} \\ \vec{\sigma}_{G(2/R_0)} = A\dot{\theta}\vec{x_1} - B\dot{\alpha}\vec{z_0} \end{Bmatrix}$$

4) Determine o torque dinâmico do meu corpo (2) no ponto G.

$$\{D_{(2/R_0)}\}_G = \begin{Bmatrix} m\,\vec{\Gamma}_{(G\in 2/R_0)} \\ \vec{\delta}_{G(2/R_0)} \end{Bmatrix}$$

$$\vec{\delta_G}(2/R_0) = \left[\frac{d}{dt}\vec{\sigma_A}(2/R_0)\right]_R = A\ddot{\theta}\vec{x_1} - A\dot{\theta}.\dot{\alpha}\vec{y_1} - B\ddot{\alpha}\vec{z_0}$$

$$\{D_{(2/R_0)}\}_G = \begin{Bmatrix} m\,\vec{\Gamma}_{(G\in 2/R_0)} = m.(-a.\ddot{\alpha}\vec{y_1} - a.\dot{\alpha}^2\vec{x_1}) \\ \vec{\delta}_{G(2/R_0)} = A\ddot{\theta}\vec{x_1} - A\dot{\theta}.\dot{\alpha}\vec{y_1} - B\ddot{\alpha}\vec{z_0} \end{Bmatrix}$$

5) Aplique o princípio básico da dinâmica (PFD) no meule (2) e escreva as equações derivadas deste príncipe.

Os torturadores estáticos das ações mecânicas são:

$$\{T_{1\to 2}\} = \begin{Bmatrix} X_1 & 0 \\ Y_1 & M_1 \\ Z_1 & N_1 \end{Bmatrix}_{(G,\vec{x_1},\vec{y_1},\vec{z_0})} ; \{T_{pes\to 2}\} = \begin{Bmatrix} 0 & 0 \\ 0 & 0 \\ -mg & 0 \end{Bmatrix}_{(G,\vec{x_1},\vec{y_1},\vec{z_0})} ;\{T_{0\to 2}\} = \begin{Bmatrix} 0 & 0 \\ T & 0 \\ N & 0 \end{Bmatrix}_{(I,\vec{x_1},\vec{y_1},\vec{z_0})}$$

$$\{D_{(2/R_0)}\}_G = \{T_{\bar{2}->2}\}_G = \{T_{1\to 2}\}_G + \{T_{pes\to 2}\}_G + \{T_{0\to 2}\}_G$$

$$\begin{Bmatrix} -m.a.\dot{\alpha}^2 & A\ddot{\theta} \\ -m.a.\ddot{\alpha} & -A\dot{\theta}.\dot{\alpha} \\ 0 & -B\ddot{\alpha} \end{Bmatrix} = \begin{Bmatrix} X_1 & 0 \\ Y_1 & M_1 \\ Z_1 & N_1 \end{Bmatrix} + \begin{Bmatrix} 0 & 0 \\ 0 & 0 \\ -mg & 0 \end{Bmatrix} + \begin{Bmatrix} 0 & R.T \\ T & 0 \\ N & 0 \end{Bmatrix}$$

6) reduza as inconsistências **X** $_1$, **Y** $_1$, **Z** $_1$, **M** $_1$, **N** $_1$ e **N** em função dos dados do problema0

$$\begin{cases} X_1 = -m.a.\dot{\alpha}^2 \\ Y_1 = -m.a.\ddot{\alpha} - T \\ Z_1 = mg - N \end{cases} \qquad \begin{cases} R.T = A\ddot{\theta} \\ M_1 = -A\dot{\theta}.\dot{\alpha} \\ N_1 = -B\ddot{\alpha} \end{cases}$$

7. Touret para meuler

7.1. Enoncé

A turnê para meuler (**Σ**) representado pelas figuras 1 e 2 é composto de quatro sólidos a seguir:

Un bâti (S0), dois meus pares idênticos (S1) e (S3): d'épaisseurs **e** $_1$, de rayons **R** $_1$, de massa volumétrica ρ_1, de centros de massa **G** $_1$ et **G** $_3$ lié au repère **R** $_1$ ($G_1, \vec{x_1}, \vec{y_1}, \vec{z_0}$) en movimento de rotação por relacionamento com um repetição fixa **R** $_0$ ($\mathbf{O}, \overrightarrow{\mathbf{x_0}}, \overrightarrow{\mathbf{y_0}}, \overrightarrow{\mathbf{z_0}}$) próximo ao machado $\overrightarrow{\mathbf{z_0}}$.

Uma árvore uniforme (S2) de comprimento **L** $_2$, de rayon **R** $_2$, de massa volumétrica ρ_2 e centro de massa **O** lié au repère **R** $_1$ ($\mathbf{G_1}, \overrightarrow{\mathbf{x_1}}, \overrightarrow{\mathbf{y_1}}, \overrightarrow{\mathbf{z_0}}$) . Ele está em ligação com o pivô do eixo ($G_2, \overrightarrow{\mathbf{z_0}}$) por relacionamento com a batalha (S0) com $\boldsymbol{\theta} = (\overrightarrow{\mathbf{x_0}}, \overrightarrow{\mathbf{x_1}}) = (\overrightarrow{\mathbf{y_0}}, \overrightarrow{\mathbf{y_1}})$.

Il tourne à la vitesse nominale N = 2850 Tr / min. Para atingir esta velocidade, você deve ter uma duração DT1=1,5 s (a velocidade de rotação inicial é nula). Ao cortar a alimentação elétrica do motor, o broche com DT2= 40 s para desligar.

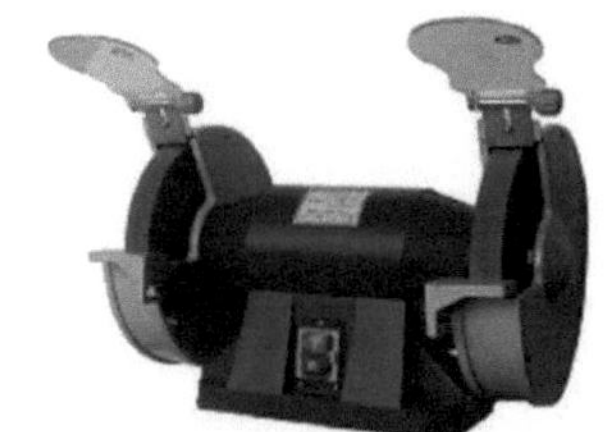

Figura 1: Système touret à meuler

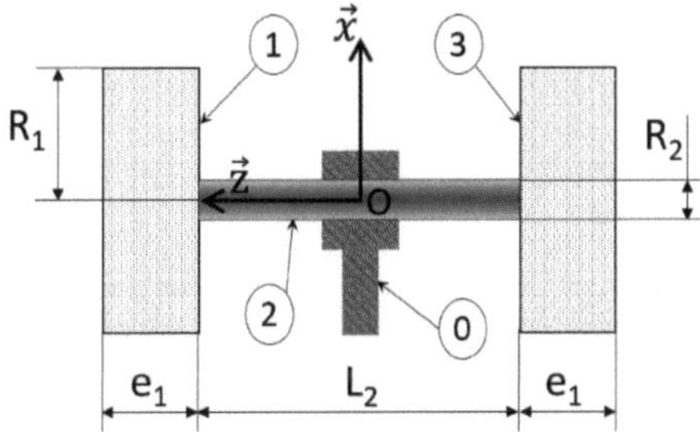

Figura 2: Modelização de um sistema

1) Coloque as coordenadas dos centros de massa (inércia) (**G** $_1$, **G** $_2$ e **G** $_3$) de cada elemento do Touret à meuler (Σ) na repetição ($\mathbf{O}, \overrightarrow{\mathbf{x_0}}, \overrightarrow{\mathbf{y_0}}, \overrightarrow{\mathbf{z_0}}$).
2) Montrer que (**O**) é a posição do centro de massa do conjunto Touret à meuler (Σ).
3) Determinar a matriz de inércia de um cilindro, de longo **L** , de rayon **R** et d'axe $\overrightarrow{\mathbf{z_0}}$, expresso no centro de inércia **G** est da seguinte forma :
4) Donner les expressões des matrizes de inerdades $[I_{G1}$ (S1)], $[I_O$ (S2)]et$[I_{G3}$ (S3)]
5) Encontre a matriz de inércia do Touret à meuler $[I_O$ (Σ)]expressa no ponto (O)
6) Determinar o torso cinético do Touret à meuler (Σ) no ponto O
7) Determinar o torque dinâmico $\{D_{(\Sigma/R_0)}\}_O$do Touret à meuler (Σ) no ponto O

Então $\{T_{\bar{\Sigma}\to\Sigma}\}_O$é o torso estático de ações externas aplicado ao Touret à meuler (Σ) expresso no ponto O.

$$\{T_{\bar{\Sigma}\to\Sigma}\}_O = \begin{Bmatrix} X_1 & L_1 \\ Y_1 & M_1 \\ Z_1 & 0 \end{Bmatrix} + \begin{Bmatrix} 0 & 0 \\ 0 & 0 \\ 0 & C \end{Bmatrix} + \begin{Bmatrix} -P1 - P2 - P3 & 0 \\ 0 & 0 \\ 0 & 0 \end{Bmatrix}$$

Avec **C** é o casal aplicado por um motor na árvore (S2).

8) Aplique o princípio básico da dinâmica ($\{T_{\bar{\Sigma}\to\Sigma}\}_O = \{D_{(\Sigma/R_0)}\}_O$) no Touret à meuler (Σ) no ponto O e escreva as equações découlant deste príncipe. Puis mostrar que o casal $C = \left(m_1.R_1{}^2 + \frac{m_2.R_2{}^2}{2}\right)\ddot{\theta}$($\ddot{\theta}$est l'accélération angulaire)

7.2.Correção

1) Coloque as coordenadas dos centros de massa (inércia) (**G** 1 , **G** 2 e **G** 3) de cada elemento do Touret à meuler (Σ) na repetição ($\mathbf{O}, \overrightarrow{\mathbf{x_0}}, \overrightarrow{\mathbf{y_0}}, \overrightarrow{\mathbf{z_0}}$).

$G_1(0,0,\frac{L+e}{2})$; $G_2(0,0,0)$;$G_3(0,0,-\frac{L+e}{2})$

2) Montrer que (**O**) é a posição do centro de massa do conjunto Touret à meuler (Σ).

Soit G o centro de massa do sistema

$M.\overrightarrow{OG} = \sum_{i=1}^{n} \overrightarrow{OG_i}.m_ieM = \sum_{i=1}^{n} m_i$

$M.\overrightarrow{OG} = m_1.\overrightarrow{OG_1} + m_2.\overrightarrow{OG_2} + m_1.\overrightarrow{OG_3}comM = m_1 + m_2 + m_1$

Em um $\overrightarrow{OG_2} = \vec{0}$donc

$$M.\overrightarrow{OG} = m_1.\overrightarrow{OG_1} + m_1.\overrightarrow{OG_3} = m_1\begin{pmatrix} 0 \\ 0 \\ \frac{L+e}{2} \end{pmatrix} + m_1\begin{pmatrix} 0 \\ 0 \\ -\frac{L+e}{2} \end{pmatrix} = \vec{0}$$

Onde o ponto G coincide com o ponto O

3) Determina a matriz de inércia de um cilindro, de comprimento **L** , de raiom **R** e de eixo $\overrightarrow{\mathbf{z_0}}$, expresso no centro de inércia **G** .

O machado $\overrightarrow{\mathbf{z_0}}$é um machado de revolução porque todos os produtos de inércia são nulos.

Os eixos ($o,\vec{x}$) e ($o,\vec{y}$) são equivalentes$A = B$

$$[I_{(G,\vec{x},\vec{y},\vec{z})}(S)] = \begin{bmatrix} A & 0 & 0 \\ 0 & A & 0 \\ 0 & 0 & C \end{bmatrix}$$

$A = \int (x^2 + z^2).dm(1)$

$A = \int (y^2 + z^2).dm(2)$

$C = \int (x^2 + y^2).dm(3)$

Adições membre-se às relações (1) e (2)

$2.A = \int (x^2 + y^2).dm + 2.\int z^2.dm$

Ce qui fait apparaitre C. d'où

$A = \frac{C}{2} + \int z^2.\mathrm{dmcomdm} = \rho.r.dr.d\theta.dz$

$dm = \rho.\pi.R^2.dz = \frac{m}{h}\mathrm{dzadeus}\int z^2.dm = \frac{m}{h}.\int z^2.dz = \frac{m.L^2}{12}$

$C = \int (x^2 + y^2).dm = \int r^2.dm = \frac{2.m}{R^2}\int r^3.dr = \frac{m.R^2}{2}$

$A = \frac{C}{2} + \int z^2.dm = \frac{m.R^2}{4} + \frac{m.L^2}{12}$

4) Donner les expressões des matrizes de inerdades $[I_{G1}\ (S1)]$, $[I_O\ (S2)]$et$[I_{G3}\ (S3)]$

$$[I_{(G_1)}(S1)] = \begin{bmatrix} \frac{m_1.R_1{}^2}{4} + \frac{m_1.e_1{}^2}{12} & 0 & 0 \\ 0 & \frac{m_1.R_1{}^2}{4} + \frac{m_1.e_1{}^2}{12} & 0 \\ 0 & 0 & \frac{m_1.R_1{}^2}{2} \end{bmatrix}$$

$[I_{(O)}(S2)] =$

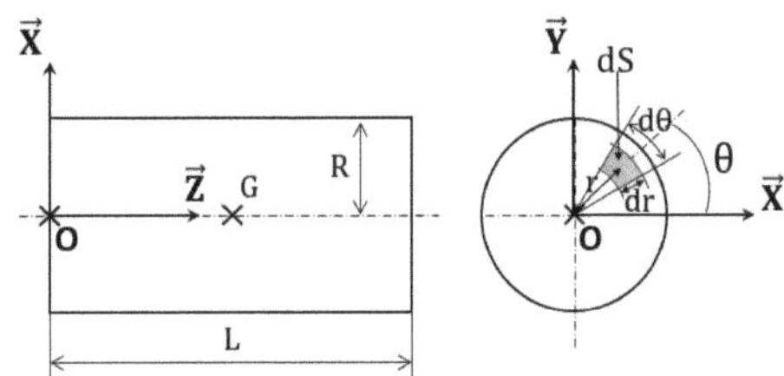

$$\begin{bmatrix} \frac{m_2.R_2{}^2}{4} + \frac{m_2.L_2{}^2}{12} & 0 & 0 \\ 0 & \frac{m_2.R_2{}^2}{4} + \frac{m_2.L_2{}^2}{12} & 0 \\ 0 & 0 & \frac{m_2.R_2{}^2}{2} \end{bmatrix}$$

$$[I_{(G_3)}(S3)] = \begin{bmatrix} \frac{m_1.R_1{}^2}{4} + \frac{m_1.e_1{}^2}{12} & 0 & 0 \\ 0 & \frac{m_1.R_1{}^2}{4} + \frac{m_1.e_1{}^2}{12} & 0 \\ 0 & 0 & \frac{m_1.R_1{}^2}{2} \end{bmatrix}$$

5) Encontre a matriz de inércia do Touret à meuler $[I_O\ (\Sigma)]$expressa no ponto (O)

$[I_O\ (\Sigma)] = [I_O\ (S1)] + [I_O\ (S2)] + [I_O\ (S3)]$

Para determinar a expressão da matriz $[I_{G_1}\ (S1)]$no ponto O, use o teorema de Huygens

$[I_{(O)}(S1)] = [I_{(G_1)}(S1)] + [I(G.O.m)]$

$$[I_{(O)}(S1)] = \begin{bmatrix} \frac{m_1.R_1^2}{4}+\frac{m_1.e_1^2}{12} & 0 & 0 \\ 0 & \frac{m_1.R_1^2}{4}+\frac{m_1.e_1^2}{12} & 0 \\ 0 & 0 & \frac{m_1.R_1^2}{2} \end{bmatrix} + m_1 \begin{bmatrix} \left(\frac{L+e}{2}\right)^2 & 0 & 0 \\ 0 & \left(\frac{L+e}{2}\right)^2 & 0 \\ 0 & 0 & 0 \end{bmatrix}$$

Para determinar a expressão da matriz $[I_{G_3}(S3)]$no ponto O, use o teorema de Huygens

$$[I_{(O)}(S3)] = \begin{bmatrix} \frac{m_1.R_1^2}{4}+\frac{m_1.e_1^2}{12} & 0 & 0 \\ 0 & \frac{m_1.R_1^2}{4}+\frac{m_1.e_1^2}{12} & 0 \\ 0 & 0 & \frac{m_1.R_1^2}{2} \end{bmatrix} + m_1 \begin{bmatrix} \left(\frac{L+e}{2}\right)^2 & 0 & 0 \\ 0 & \left(\frac{L+e}{2}\right)^2 & 0 \\ 0 & 0 & 0 \end{bmatrix}$$

$$[I_O(\Sigma)] = [I_O(S1)] + [I_O(S2)] + [I_O(S3)]$$

$$[I_O(\Sigma)] = 2.m_1 \begin{bmatrix} \frac{.R_1^2}{4}+\frac{e_1^2}{12}+\left(\frac{L+e}{2}\right)^2 & 0 & 0 \\ 0 & \frac{R_1^2}{4}+\frac{e_1^2}{12}\left(\frac{L+e}{2}\right)^2 & 0 \\ 0 & 0 & \frac{R_1^2}{2} \end{bmatrix} +$$

$$m_2 \begin{bmatrix} \frac{.R_2^2}{4}+\frac{L_2^2}{12} & 0 & 0 \\ 0 & \frac{R_2^2}{4}+\frac{L_2^2}{12} & 0 \\ 0 & 0 & \frac{R_2^2}{2} \end{bmatrix}$$

6) Donner le torseur cinétique $\{C_{(\Sigma/R_0)}\}_O$.

$$\overrightarrow{\sigma_O}(\Sigma/R_0) = [I_O(\Sigma)].\vec{\Omega}(\Sigma/R_0) = \begin{bmatrix} A & 0 & 0 \\ 0 & A & 0 \\ 0 & 0 & C \end{bmatrix} . \begin{pmatrix} 0 \\ 0 \\ \dot{\theta} \end{pmatrix}$$

$$A = 2.m_1\left[\frac{.R_1^2}{4}+\frac{e_1^2}{12}+\left(\frac{L+e}{2}\right)^2\right] + m_2\left[\frac{.R_2^2}{4}+\frac{L_2^2}{12}\right] \text{e} C = 2.\frac{m_1.R_1^2}{2}+\frac{m_2.R_2^2}{2}$$

$$\overrightarrow{\sigma_O}(\Sigma/R_0) = \left(2.\frac{m_1.R_1^2}{2}+\frac{m_2.R_2^2}{2}\right)\dot{\theta}\,\vec{Z}$$

o torsor cinétique é

$$\{C_{(\Sigma/R_0)}\}_O = \begin{Bmatrix} \vec{Q} = M\,\vec{V}_{B\in S2/R0} \\ \overrightarrow{\sigma_O}(\Sigma/R_0) = [I_O(\Sigma)].\vec{\Omega}(\Sigma/R_0) \end{Bmatrix} = \begin{Bmatrix} 0 & 0 \\ 0 & 0 \\ 0 & \left(2.\frac{m_1.R_1^2}{2}+\frac{m_2.R_2^2}{2}\right)\dot{\theta} \end{Bmatrix}$$

Com $\vec{\Omega}(\Sigma/R_0) = \dot{\theta}\,\vec{Z}$a velocidade de rotação do sistema por relacionamento com repetição R_0

7) Determinar o torque dinâmico $\{D_{(\Sigma/R_0)}\}_O$do Touret à meuler (Σ) no ponto O

$$\{D_{(\Sigma/R_0)}\}_O = \begin{Bmatrix} M\,\vec{\Gamma}_{A/R} \\ \vec{\delta}_{A(S_2/R_0)} = \left[\frac{d}{dt}\overrightarrow{\sigma_A}(S_2/R_0)\right]_R \end{Bmatrix}$$

$$\vec{\delta}_{O(\Sigma/R_0)} = \left[\frac{d}{dt}\overrightarrow{\sigma_O}(\Sigma/R_0)\right]_R = \frac{d}{dt}\left(\left(2.\frac{m_1.R_1{}^2}{2} + \frac{m_2.R_2{}^2}{2}\right)\dot{\theta}\,\overrightarrow{z_0}\right) = \left(2.\frac{m_1.R_1{}^2}{2} + \frac{m_2.R_2{}^2}{2}\right)\ddot{\theta}\,\overrightarrow{z_0}$$

$$\{D_{(\Sigma/R_0)}\}_O = \begin{Bmatrix} M\,\vec{\Gamma}_{O/R} \\ \vec{\delta}_{O(\Sigma/R_0)} \end{Bmatrix} = \begin{Bmatrix} 0 & 0 \\ 0 & 0 \\ 0 & \left(2.\frac{m_1.R_1{}^2}{2} + \frac{m_2.R_2{}^2}{2}\right)\ddot{\theta} \end{Bmatrix}$$

8) Aplique o PFD no Touret à meuler (Σ) no ponto O e escreva as equações derivadas deste princípio.

Então $\{T_{\bar{\Sigma}\to\Sigma}\}_O$é o torso estático de ações externas aplicado ao Touret à meuler (Σ) expresso no ponto O.

$$\{T_{\bar{\Sigma}\to\Sigma}\}_O = \begin{Bmatrix} X_1 & L_1 \\ Y_1 & M_1 \\ Z_1 & 0 \end{Bmatrix} + \begin{Bmatrix} 0 & 0 \\ 0 & 0 \\ 0 & C \end{Bmatrix} + \begin{Bmatrix} -P1-P2-P3 & 0 \\ 0 & 0 \\ 0 & 0 \end{Bmatrix} = \begin{Bmatrix} X_1-P1-P2-P3 & L_1 \\ Y_1 & M_1 \\ Z_1 & C \end{Bmatrix}$$

Avec **C** é o casal aplicado por um motor na árvore (S2).

Depois do PFD

$$\{D_{(\Sigma/R_0)}\}_A = \{T_{\overline{S_2}\to S_2}\}_A \text{ c-à-d.} \begin{Bmatrix} m.\vec{\Gamma}_{O/R} \\ \vec{\delta}_{O(\Sigma/R_0)} \end{Bmatrix}_O = \begin{Bmatrix} \vec{R}_{(\bar{\Sigma}\to\Sigma)} \\ \vec{M}_{(\bar{\Sigma}\to\Sigma)} \end{Bmatrix}_O$$

$$\begin{Bmatrix} 0 & 0 \\ 0 & 0 \\ 0 & \left(2.\frac{m_1.R_1{}^2}{2} + \frac{m_2.R_2{}^2}{2}\right)\ddot{\theta} \end{Bmatrix} = \begin{Bmatrix} X_1-P1-P2-P3 & L_1 \\ Y_1 & M_1 \\ Z_1 & C \end{Bmatrix}$$

$Y_1 = Z_1 = 0$

$L_1 = M_1 = 0$

O casal motor é$C = \left(2.\frac{m_1.R_1{}^2}{2} + \frac{m_2.R_2{}^2}{2}\right)\ddot{\theta}$

Referências bibliográficas

[1] Yves Gourinat, *exercícios e problemas de mecânica de sólidos e estruturas* , dunod, paris, 2011 ISBN 978-2-10-057122 -2

[2] Pierre Agati (autor), Yves Brémont, Gérard Delville, *Mécanique du solide - aplicações industriais* , dunod, paris, 1996

[3] Mohamed SOULA Habib SAHLAOUI Amara NEJI mecânico de sistemas de cursos sólidos e exercícios corrigidos, centro de publicação universitária,Túnis, 2012

[4] Mahfoudh AYADI et Atef BOULILA, dinâmico dos sistemas de sólidos, Centro de publicação universitária, 2017

[5] Sylvie Pommier, Yves Berthaud, *Mécanique générale cours et exercices corrigés* , dunod, paris, 2010 ISBN 978-2-10-054820-0

[6] Queyrel, J.-L., Mesplede, J., Précis de Physique Mécanique MPSI Cours - Méthodes - Exercices résolus, Bréal, Paris, 1995, ISBN: 978285394787

[7] Nota de curso - Ali kadi *mécanique rationnelle cours & exercices résolus* université Mohamed Bougara – Boumerdes
https://cours-examens.org/images/Etudes_superieures/TCT_2_annee/Mecanique_rationnelle/1mecanique_rationnelle_book.pdf

[8] Nota de curso 2014 - M. Bourich *Polycopié d'exercices et examens résolus: Mécaniques des Systèmes de Solides Indéformables* ENSA de Marrakech
http://www.ensa.ac.ma/docs/pedagogie/MecDesSysSolIndef_Polycop_Ex.pdf

[9] Nota de curso - 2010 Pascal Chambraud *Cours – 2º ano Mécanique, Automatique* Lycée Hoche 73 avenue de Saint-Cloud 78000 Versailles http://back.maquisdoc.net/data/tex_pascal/prepas_2.tex/prepas_2.pdf

[10] Doina Dragulescu, técnica geral e aplicações, L'harmattan, 2005, ISBN: 2-7475-9036-4

[11] Claude Chèze, Hélène Lange, Mécanique générale - 1er e 2e ciclos Cursos, exercícios e problemas corrigidos, Elipses, 1998, ISBN : 9782729845179

yes

I want morebooks!

Buy your books fast and straightforward online - at one of world's fastest growing online book stores! Environmentally sound due to Print-on-Demand technologies.

Buy your books online at
www.morebooks.shop

Compre os seus livros mais rápido e diretamente na internet, em uma das livrarias on-line com o maior crescimento no mundo! Produção que protege o meio ambiente através das tecnologias de impressão sob demanda.

Compre os seus livros on-line em
www.morebooks.shop

info@omniscriptum.com
www.omniscriptum.com

Printed by Books on Demand GmbH, Norderstedt / Germany